Auflösungen

zu

Schulte-Tigges, Arithmetische Aufgabensammlung für höhere Lehranstalten

Oberstufe

Bearbeitet von

A. Schulte-Tigges
Oberstudiendirektor i. R.

Berlin und Leipzig 1929

Verlag von Walter de Gruyter & Co.

vormals G. J. Göschen'sche Verlagshandlung — J. Guttentag, Verlagsbuchhandlung — Georg Reimer — Karl J. Trübner — Veit & Comp.

Vorbemerkungen.

1. Die „Auflösungen“ sind nur für Lehrer bestimmt und können nur auf Grund einer Bescheinigung der Schulleitung unmittelbar vom Verlag bezogen werden.

2. Sie enthalten bei einfacheren Aufgaben nur die Endergebnisse, in allen schwierigeren Fällen aber auch Ableitungen und Zwischenlösungen, so daß sich die Art und die Schwierigkeit der Aufgabe von vorn herein leicht beurteilen läßt. Die Zahlentabellen für die zu zeichnenden Kurven gestatten eine schnelle Skizzierung und eine Kontrolle der Schülerrechnungen und lassen auch den zweckmäßigen Maßstab leicht erkennen, falls er nicht schon ohnehin angegeben ist. Dagegen sind die Lösungen von Aufgaben und die Antworten auf Fragen nicht aufgenommen worden, wenn das Lehrbuch oder die Formelsammlung darüber ohne weiteres Bescheid gibt.

3. Alle vierstelligen Rechnungen sind mit den vom Verfasser herausgegebenen, in 2. Auflage wesentlich vermehrten und verbesserten „Rechentafeln“ ausgeführt worden, die zum Preise von 30 Pfg. im gleichen Verlag erschienen sind. Da, wo auch mit fünfstelligen Logarithmen gerechnet ist, sind die Ergebnisse den andern in Klammern beigefügt worden. Wenn die Interpolation oder Division bei vier-(fünf-)stelligen Logarithmen als fünfte (sechste) Ziffer eine glatte 5 ergab, wurde diese (vorübergehend) beibehalten. Möglichst benutzt wurden die trigonometrischen Funktionen selbst, besonders bei der Berechnung von Winkeln. Im übrigen wird auf die Vorbemerkungen verwiesen, die einzelnen Gruppen vorangeschickt sind.

4. Der Raumersparnis wegen ist häufig eine einfache Bezeichnungsweise (z. B. „für $x=0$ wird $y=0$ oder $y=\infty$“) statt der Limesbezeichnung gewählt worden.

5. Jede Aufgabe ist mindestens zweimal (und zwar zu verschiedenen Zeiten) durchgerechnet worden. Für Mitteilung etwa noch vorhandener Fehler oder Ungenauigkeiten würde der Unterzeichnete dankbar sein.

6. Das Buch erscheint im Manuldruck nach der Handschrift, um die im vorliegenden Fall besonders beträchtlichen Satzkosten zu vermeiden und den Preis in mäßigen Grenzen zu halten.

Kassel, im Juli 1929. A. Schulte-Tigges.

Abkürzungen und Berichtigungen siehe S. 92.

I. Komplexe Zahlen.

§1. Anwendung der Rechnungsarten auf die Komplexen Zahlen.

(1) a) $2i$; b) $5i$; c) $\frac{2}{3}i$; d) $4i\sqrt{2}$; e) $1\frac{1}{2}i$; f) $1\frac{1}{2}i\sqrt{2}$; g) ai; h) $3xi$. — (3) a) $8i$; b) $\frac{1}{2}i$; c) $4ai$; d) 0; e) 0.
(6) a) $5+7i$; b) $-2-2i$; c) $3-i$; d) -5; e) $2i$; f) $(a+c)+(b+d)i$.
(7) a) 6; b) -4; c) $2a$; d) $-2m$. — (8) a) $3+4i$; b) $-2-5i$; c) $-2+2i$; d) $(a-c)+(b-d)i$. — (9) a) $4i$; b) $-6i$; c) $-6i$; d) $2bi$. — (10) $i^{4n}=1$; $i^{4n+1}=i$; $i^{4n+2}=-1$; $i^{4n+3}=-i$.
(11) a) -4; b) -9; c) $-6\sqrt{2}$; d) $-a^2$. — (12) a) 0; b) -8; c) $12i\sqrt{2}$; d) $60\sqrt{2}-45i\sqrt{3}$. (13) a) $18+i$; b) $-8+34i$; c) $(2\sqrt{3}+6)+(3\sqrt{2}-2\sqrt{6})i$; d) $(4+3\sqrt{6})+(6-2\sqrt{6})i$; e) $42+7i\sqrt{3}$; f) $124+22i\sqrt{6}$. (14) a) $5+12i$; b) $24-10i$; c) $12+16i$; d) $(a^2-b^2)+2abi$; e) $(a^2-b^2)-2abi$. (15) a) 29; b) 25; c) 1; d) a^2+b^2.
(16) a) $6+3i$; b) $2+5i$; c) $3\frac{1}{2}+\frac{1}{2}i$; d) $-1\frac{1}{2}-\frac{1}{2}i$; e) $-\frac{3}{25}-1\frac{4}{25}i$; f) $\frac{9}{43}\sqrt{2}-\frac{28}{43}i$; g) $\frac{a-bi}{a^2+b^2}$; h) $\frac{a+bi}{a^2+b^2}$; i) $\frac{(ac+bd)+(bc-ad)i}{c^2+d^2}$; k) $\frac{2a}{a^2+b^2}$; l) $\frac{2ac+2bd}{c^2+d^2}$. (19) $a=\varrho\cos\varphi$; $b=\varrho\sin\varphi$; $\varrho=\sqrt{a^2+b^2}$; $\cos\varphi=\frac{a}{\varrho}$; $\sin\varphi=\frac{b}{\varrho}$; $\operatorname{tg}\varphi=\frac{b}{a}$. (20) a) $\varrho=5$; $\varphi\approx 36^\circ 52'$ (aus $\operatorname{tg}\varphi$ berechnet); b) $\varrho=2\sqrt{2}\approx 2{,}8284$; $\varphi=45^\circ$; c) $\varrho=\sqrt{18}\approx 4{,}2426$; $\varphi=135^\circ$; d) $\varrho=1$; $\varphi=300^\circ$; e) $\varrho=\sqrt{13}\approx 3{,}6056$; $\varphi\approx 236^\circ 19'$.
(24) Die Zeichnungen müssen ergeben a) $2+14i$; b) $15+3i$; c) 13.
(27) desgl. a) $1\frac{3}{4}-\frac{1}{4}i$; b) $-\frac{3}{13}-1\frac{2}{13}i\approx -0{,}23-0{,}15i$; c) $\frac{5}{13}+\frac{12}{13}i\approx 0{,}38+0{,}92i$. (28) a) $2+11i$; b) $-11+2i$; c) $46-9i$; d) $-7-24i$. e) $-7+24i$.
(30) a) $2+11i=\varrho(\cos\varphi+i\sin\varphi)$; $\varrho=\sqrt{125}\approx 11{,}1805$; $\varphi\approx 79^\circ 42'$. $2+i=\sigma(\cos\psi+i\sin\psi)$; $\sigma=\sqrt{5}$; $\psi\approx 26^\circ 34'$; $\sigma^3=\sqrt{125}=\varrho$; $3\psi=\varphi$.
b) $\varrho=\sqrt{125}\approx 11{,}1805$; $\varphi\approx 169^\circ 42'$; $\sigma=\sqrt{5}$; $\psi\approx 296^\circ 34'$; $\sigma^3=\varrho$; $3\psi=\varphi+720^\circ$

c) $\varrho = \sqrt{2197} \approx 46{,}87$; $\varphi = 360^\circ - 11^\circ 4' = 348^\circ 56'$; $\sigma = \sqrt{13}$; $\psi \approx 236^\circ 18'$ (oder 19'); $\sigma^3 = \varrho$; $3\psi = 708^\circ 54'$ (oder 57') $\approx \varphi + 360^\circ$.
d) $\varrho = 25$; $\varphi = 253^\circ 44'$; $\sigma = \sqrt{5}$; $\psi = 333^\circ 26'$; $\sigma^4 = \varrho$; $4\psi = 1333^\circ 44' = \varphi + 1080^\circ$.
e) $\varrho = 25$; $\varphi = 106^\circ 16'$; $\sigma = \sqrt{5}$; $\psi = 116^\circ 34'$; $\sigma^4 = \varrho$; $4\psi = 466^\circ 16' = \varphi + 360^\circ$.
(33) a) $4 + 3i = \varrho(\cos\varphi + i\sin\varphi)$; $\varrho = 5$; $\varphi_1 \approx 36^\circ 52'$; $x_{1,2} \approx \pm 2{,}122 \pm 0{,}7072\, i$.
b) $\varrho = \sqrt{8} \approx 2{,}8284$; $\varphi_1 = 315^\circ$; $x_1 \approx -0{,}366 + i \cdot 1{,}366$; $x_2 = -1 - i$; $x_3 \approx 1{,}366 - i \cdot 0{,}366$. c) $\varrho = 5$; $\varphi_1 \approx 126^\circ 52'$; $x_{1,3} = \pm 1{,}272 \pm i \cdot 0{,}7861$; $x_{2,4} = \mp 0{,}7861 \pm i \cdot 1{,}272$. d) $\varrho = 8$; $\varphi_1 = 90^\circ$; $x_{1,2} = \pm\sqrt{3} + i$; $x_3 = -2i$.
(34) $\varepsilon_1 = 1$; $\varepsilon_{2,3} = -\frac{1}{2} \pm \frac{i}{2}\sqrt{3} \approx -0{,}5 \pm i \cdot 0{,}866$. (36) a) $1 = \varrho(\cos\varphi + i\sin\varphi)$; $\varrho = 1$; $\varphi_1 = 0^\circ$; $x_{1,3} = \pm 1$; $x_{2,4} = \pm i$; b) $x_1 = 1$; $x_{2,5} = \cos 72^\circ \pm i \sin 72^\circ \approx 0{,}3090 \pm i \cdot 0{,}9511$; $x_{3,4} = -\cos 36^\circ \pm i \sin 36^\circ \approx -0{,}8090 \pm i\, 0{,}5878$;
c) $x_{1,4} = \pm 1$; $x_{2,6} = \cos 60^\circ \pm i \sin 60^\circ = \frac{1}{2} \pm \frac{i}{2}\sqrt{3} \approx 0{,}5 \pm i \cdot 0{,}866$; $x_{3,5} = -\cos 60^\circ \pm i \sin 60^\circ = -\frac{1}{2} \pm \frac{i}{2}\sqrt{3} \approx -0{,}5 \pm i \cdot 0{,}866$.
(37) a) $x_1 = 2$; $x_2 = 2\varepsilon_2 = -1 + i\sqrt{3} \approx -1 + i \cdot 1{,}7321$; $x_3 = 2\varepsilon_3 = -1 - i\sqrt{3} \approx -1 - i \cdot 1{,}7321$; b) $x_1 = 3$; $x_2 = 3i$; $x_3 = -3$; $x_4 = -3i$;
c) $x_1 = \sqrt[3]{18} \approx 2{,}6207$; $x_2 = \varepsilon_2 \sqrt[3]{18} \approx -1{,}31 + i \cdot 2{,}27$; $x_3 = \varepsilon_3 \sqrt[3]{18} \approx -1{,}31 - i \cdot 2{,}27$; d) $x_{1,3} = \pm\sqrt[4]{54} = 2{,}711$; $x_{2,4} = \pm 2{,}711\, i$.

---

§2. Funktionen von komplexen Veränderlichen.

(1) a) auf der P zur IA $z = 2$; b) auf der P zur RA $z = -3i$; c) auf dem ○ mit $|z| = 5$ um den N; d) auf dem Strahl durch den N, dessen Steigungswinkel gleich dem Argument ist; e) auf H_1; f) auf H_2; g) auf H_1 und H_2; h) auf einer gleichs. Hyperbel, deren Hauptachse bei $p > 0$ mit der RA, bei $p < 0$ mit der IA zusammenfällt. (2) a) auf der P zur IA $z = -2$ und links davon; b) über der P zur RA $z = 3i$. c) auf dem ○ mit dem Halbmesser 4 um den N und außerhalb. d) innerhalb des ○ mit dem Halbm. 1 um den N; e) zwischen den P zur IA $z = 3$ und $z = 4$ und auf der ersteren P; f) zwischen den P zur RA $z = -3i$ und $z = 2i$

und auf der letzteren P; g) zwischen den ○ mit den Halbm. 4 und 6 um den N und auf dem letzteren Kreise; h) wenn $x^2-y^2=0$, auf H_1 und H_2; wenn $x^2-y^2>0$ (<0) in den von H_1 und H_2 gebildeten Quadranten, die links und rechts (oben und unten) liegen. ③ Der Fahrstrahl $|z_2-z_1|$ des Punktes z_2-z_1 ist in dem ▱, dessen Ecken der N, z_1, z_2 und z_2-z_1 sind, die gegenüberliegende Seite zu der Strecke zwischen z_1 und z_2. ④ Auf dem ○ mit r um z_1, dessen Gleichung $(x-x_1)^2+(y-y_1)^2=r^2$ ist. ⑤ Es handelt sich um die ○ mit den Halbm. a) 2 um $z_1=4+0\cdot i$; b) 3 um $z_1=-3+0i$; c) 2 um $z_1=0+2i$; d) $1\frac{1}{2}$ um $z_1=0-i$; e) 4 um $z_1=2-3i$; f) 5 um $z_1=-3+4i$. ⑥ a) ○ mit a um $z_1=a+0i$, der also die IA im N berührt; b) ○ mit b um $z_1=0-bi$, der also die RA im N berührt; c) ○ um z_1 mit $|z_1|$, der also durch den N geht; d) die IA, da $|z-2|=|z+2|$ ist und die Punkte daher von $z_1=2+0i$ und $z_2=0-2i$ gleich weit entfernt sind; e) die RA aus entsprechenden Gründen; f) der Apollonische ○ zu der Strecke zwischen $z_1=3+0i$ und $z_2=-3+0i$, bei dem die Abstände eines jeden Kreispunktes von diesen Punkten sich wie $p:q$ verhalten; g) die Ellipse mit den Brennpunkten $z_1=2+0i$ und $z_2=-2+0i$ und der Hauptachse 6; h) die Hyperbel mit den Brennpunkten $z_1=-2+0i$ und $z_2=2+0i$ und der Hauptachse 3. ⑦ $u+vi=x+yi+a$, also $u=x+a$, $v=y$. Verschiebung um a nach rechts, also a) um 3 nach rechts; b) um 4 nach links. ⑧ $u+vi=x+yi+bi$, also $u=x$, $v=y+b$. Verschiebung um b nach oben, also a) um 2 nach oben, b) um 5 nach unten. ⑨ $u+vi=x+yi+a+bi$, also $u=x+a$, $v=y+b$. Verschiebung um $|a+bi|=\sqrt{a^2+b^2}$ in der Richtung des Fahrstrahls von $a+bi$, also um die Länge dieses Fahrstrahls, daher a) um $\sqrt{13}\approx 3{,}61$ in der Richtung des Fahrstrahls von $z_1=2+3i$; b) um $\sqrt{5}\approx 2{,}24$ in der Richtung des Fahrstrahls von $z_1=-1+2i$; c) um $\sqrt{17}\approx 4{,}12$ in der Richtung des Fahrstrahls von $z_1 = -4+i$; d) um $\sqrt{20} \approx 4{,}47$ in der Richtung des Fahrstrahls von $z_1 = 4-2i$. (10) Die neuen Figuren sind den alten kongruent und parallel verschoben. (11) a) -3; 1; $2i$; b) $2i$; $4+2i$; $3+4i$; c) $-2+5i$; $2+5i$; $1+7i$. (12) Aus $-2+a+bi = -3+2i$ folgt $a+bi = -1+2i$, also $w = z-1+2i$; $w_2 = 5i$; $w_3 = 1+i$. (13) a) $w = z+1-3i$; $w_1 = 5-2i$; $w_3 = -2$; b) $w = z-4+i$; $w_2 = -4+3i$; $w_3 = -7+4i$; c) $w = z+2-5i$; $w_1 = 6-4i$; $w_2 = 2-3i$. (14) $w = rz = r(x+yi) = r\rho(\cos\varphi + i\sin\varphi)$. Das Argument bleibt dasselbe, der Fahrstrahl ist im Verhältnis $1:r$ gestreckt. Die neue Figur ist der alten ähnlich und zu ihr ähnlich gelegen mit dem N als Ähnlichkeitspunkt. Das Verhältnis entsprechender Seiten ist $r:1$, der Flächen $r^2:1$.

(15) a) α) -6; $9+3i$; $3+6i$; β) -1; $1\frac{1}{2}+\frac{1}{2}i$; $\frac{1}{2}+i$; b) α) $-6+3i$; $-9i$; $6-3i$; β) $-1+\frac{1}{2}i$; $-1\frac{1}{2}i$; $1-\frac{1}{2}i$.

(16) a) $r(4-2i) = 2-i$ ergibt $r=\frac{1}{2}$, also $w=\frac{1}{2}z$; $w_2 = -1+2\frac{1}{2}i$; $w_3 = -1\frac{1}{2}i$; b) $w=\frac{3}{2}z$; $w_1 = 6-3i$; $w_3 = -4\frac{1}{2}i$.

(17) $w = \sigma(\cos(\alpha+\varphi) + i\sin(\alpha+\varphi))$. Das Argument ist um φ vergrößert, der Fahrstrahl derselbe geblieben. Die neuen Figuren sind den alten kongruent und um $\sphericalangle\varphi$ um den N gedreht.

(18) a) $-1+i$; $-1+2i$; $-3+3i$. Aus $i = \rho(\cos\varphi + i\sin\varphi)$ folgt $\rho=1$, $\varphi=90°$; b) $(\frac{1}{2}-\frac{1}{2}\sqrt{3})+(\frac{1}{2}+\frac{1}{2}\sqrt{3})i$; $(1-\frac{1}{2}\sqrt{3}) + (\frac{1}{2}+\sqrt{3})i$; $(1\frac{1}{2}-1\frac{1}{2}\sqrt{3})+(1\frac{1}{2}+1\frac{1}{2}\sqrt{3})i$; $\operatorname{tg}\varphi=\sqrt{3}$; $\varphi=60°$; c) $i\sqrt{2}$; $\frac{1}{2}\sqrt{2}+1\frac{1}{2}i\sqrt{2}$; $3i\sqrt{2}$; $\operatorname{tg}\varphi=1$; $\varphi=45°$; d) $1\frac{2}{5}+\frac{1}{5}i$; $2\frac{1}{5}-\frac{2}{5}i$; $4\frac{1}{5}+\frac{3}{5}i$; $\operatorname{tg}\varphi=-\frac{3}{4}$; $\varphi\approx 360°-36°52' \approx 323°8'$.

(19) a) $(a+bi)\cdot 2 = 2i$ ergibt $a+bi=i$, also $w=iz$; $w_1 = 1$; $w_3 = -2+i$; $\varphi=90°$; b) $w=-iz$; $w_2=-2i$, $w_3=2-i$; $\varphi=270°$; c) $w=(\frac{3}{5}+\frac{4}{5}i)z$; $w_1 = \frac{4}{5}-\frac{3}{5}i$; $w_2 = 1\frac{1}{5}+1\frac{3}{5}i$; $\varphi\approx 53°8'$. (20) $w=\rho\sigma(\cos(\alpha+\varphi)+i\sin(\alpha+\varphi))$. Das Argument α ist um φ vergrößert, der Fahrstrahl σ im Verhältnis $1:\rho$ gestreckt. Die neuen Figuren sind den alten

ähnlich und aus ähnlicher Lage um $\sphericalangle \varphi$ dann um N gedreht. Verhältnis der Seiten $\varrho : 1$, der Flächen $\varrho^2 : 1$. (21) a) $2i$; $6i$; $-2+4i$. Aus $2i = \varrho(\cos\varphi + i \sin\varphi)$ folgt $\varrho = 2$, $\varphi = 90°$; b) $-2-2i$; $-6-6i$; $-2-6i$; $\varrho = \sqrt{8} \approx 2{,}8284$; $\varphi = 225°$; c) $4+3i$; $12+9i$; $5+10i$; $\varrho = 5$; $\varphi \approx 36°52'$. d) $\sqrt{2} + i\sqrt{2}$; $3\sqrt{2} + 3i\sqrt{2}$; $\sqrt{2} + 3i\sqrt{2}$; $\varrho = 2$; $\varphi = 45°$. (22) a) $(a+bi)(-i) = -3$ ergibt $a+bi = -3i$, also $w = -3iz$; $w_2 = -6i$, $w_3 = 9$. Aus $-3i = \varrho(\cos\varphi + i\sin\varphi)$ folgt $\varrho = 3$, $\varphi = 270°$; b) $w = (2-i)z$; $w_1 = -4+2i$; $w_3 = 3+6i$; $\varrho = \sqrt{5} \approx 2{,}2361$; $\varphi = 333°26'$; c) $w = \left(\frac{3}{2} - \frac{1}{2} i\right) z$; $w_1 = -7-i$; $w_3 = 4+2i$; $\varrho = \frac{1}{2}\sqrt{10} \approx 1{,}58115$; $\varphi = 341°34'$. (23) $(a+bi)z$ bewirkt Drehung um φ und Streckung im Verhältnis $1 : \varrho$, wenn $a+bi = \varrho(\cos\varphi + i\sin\varphi)$. $p+qi$ bewirkt eine Verschiebung um den Fahrstrahl von $p+qi$, $|p+qi|$, in der Richtung dieses Fahrstrahls. Die Ähnlichkeit bleibt erhalten, daher Winkeltreue. Verhältnis der neuen Flächen zu den alten $\varrho^2 : 1$. (24) a) $-3+4i$; $-1-2i$; 11. Aus $2i = \varrho(\cos\varphi + i\sin\varphi)$ folgt $\varrho = 2$, $\varphi = 90°$; Verschiebung um 3 nach rechts; b) $-7-6i$; $8-11i$; $16+8i$. Aus $4-3i = \varrho(\cos\varphi + i\sin\varphi)$ folgt $\varrho = 5$; $\varphi = 323°8'$. Aus $-1+2i = \sigma(\cos\psi + i\sin\psi)$ folgt $\sigma = \sqrt{5} \approx 2{,}2361$, $\psi = 116°34'$. (25) a) $z_1 = 2iz_1 + 3$ ergibt als Fixpunkt $z_1 = \frac{3}{5} + \frac{6}{5} i$. Aus $w = w' + \frac{3}{5} + \frac{6}{5} i$ und $z = z' + \frac{3}{5} + \frac{6}{5} i$ folgt durch Einsetzen in $w = 2iz + 3$ die Funktion $w' = 2iz'$; b) $z_1 = (4-3i)z_1 - 1 + 2i$ ergibt als Fixpunkt $z_1 = \frac{1}{2} - \frac{1}{6} i$; $w' = (4-3i)z'$. (26) a) $-1 = n$ und $-i = m+n$ ergeben $w = (1-i)z - 1$. $w_3 = i$. Aus $1-i = \varrho(\cos\varphi + i\sin\varphi)$ folgt $\varrho = \sqrt{2} \approx 1{,}4142$, $\varphi = 315°$. Versch. um 1 nach links. Fixpunkt i, $w' = (1-i)z'$. b) $w = (-1+i)z - 1$; $w_2 = -2+i$; $\varrho = \sqrt{2} \approx 1{,}4142$, $\varphi = 135°$. Versch. um 1 nach links. Fixpunkt $z_1 = -\frac{2}{5} - \frac{1}{5} i$; $w' = (-1+i)z'$. c) $w = (1+i)z - 2 + 2i$; $w_1 = -2+2i$; $\varrho = \sqrt{2} \approx 1{,}4142$, $\varphi = 45°$.

Aus $-2+2i = \sigma(\cos\psi + i\sin\psi)$ folgt $\sigma = \sqrt{8} \approx 2{,}8284$, $\varphi = 135°$. Fixpunkt $z_1 = -2-2i$; $w' = (1+i)z'$. d) $w = iz - 1$; $w_2 = 2i - 1$; $\varrho = 1$; $\varphi = 90°$; Versch. um 1 nach links. Fixpunkt $z_1 = -\frac{1}{2} - \frac{1}{2}i$; $w' = iz'$. e) $w = 2iz - 5i$; $w_3 = -4 - i$; $\varrho = 2$, $\varphi = 90°$; Versch. um 5 nach unten; Fixpunkt $z_1 = 2 - i$; $w' = 2iz'$. f) $w = (1-i)z - 12 + 9i$; $\varrho = \sqrt{2} \approx 1{,}4142$; $\varphi = 315°$; $\sigma = 15$; $\psi = 143°8'$. Fixpunkt $z_1 = 9 + 12i$; $w' = (1-i)z'$. g) $w = (2+i)z - 1 + 2i$; $\varrho = \sqrt{5} \approx 2{,}2361$, $\varphi = 26°34'$; $\sigma = \sqrt{5}$; $\psi = 116°34'$. Fixpunkt $z_1 = -\frac{1}{2} - \frac{3}{2}i$; $w' = (2+i)z'$. (27) $u + vi = \frac{1}{x+yi} = \frac{x-yi}{x^2+y^2}$; $u = \frac{x}{x^2+y^2}$, $v = \frac{-y}{x^2+y^2}$; $u^2 + v^2 = \frac{1}{x^2+y^2}$. $x = u(x^2+y^2) = \frac{u}{u^2+v^2}$, $y = -v(x^2+y^2) = \frac{-v}{u^2+v^2}$.

(28) $\sigma(\cos\psi + i\sin\psi) = \frac{1}{\varrho(\cos\varphi + i\sin\varphi)} = \frac{1}{\varrho}(\cos\varphi - i\sin\varphi)$, also $\sigma\cos\psi = \frac{1}{\varrho}\cos\varphi$; $\sigma\sin\psi = -\frac{1}{\varrho}\sin\varphi$; $\sigma = \frac{1}{\varrho}$, $\psi = -\varphi$.

(29) $u + vi = \frac{1}{x-yi} = \frac{x+yi}{x^2+y^2}$; $u = \frac{x}{x^2+y^2}$, $v = \frac{y}{x^2+y^2}$, $u^2 + v^2 = \frac{1}{x^2+y^2}$; $x = u(x^2+y^2) = \frac{u}{u^2+v^2}$, $y = v(x^2+y^2) = \frac{v}{u^2+v^2}$; $z = \frac{u+vi}{u^2+v^2} = \frac{w}{|w|^2}$. (30) a) $x = 1$, daher $u^2 + v^2 = u$; $(u - \frac{1}{2})^2 + v^2 = (\frac{1}{2})^2$; ○ mit $\frac{1}{2}$ um $z_1 = \frac{1}{2} + 0i$; $|w - \frac{1}{2}| = \frac{1}{2}$. b) $y = -1$, daher $u^2 + v^2 = -v$ oder $u^2 + (v + \frac{1}{2})^2 = (\frac{1}{2})^2$; ○ mit $\frac{1}{2}$ um $z_1 = 0 - \frac{1}{2}i$; $|w + \frac{1}{2}i| = \frac{1}{2}$. c) $|z - 1| = \sqrt{\left(\frac{u}{u^2+v^2} - 1\right)^2 + \frac{v^2}{(u^2+v^2)^2}} = 1$; $u = \frac{1}{2}$; P zur IA $z = \frac{1}{2}$. d) $|z - i| = \sqrt{\frac{u^2}{(u^2+v^2)^2} + \left(\frac{v}{u^2+v^2} - 1\right)^2} = 1$; $v = \frac{1}{2}$; P zur RA $z = \frac{1}{2}i$. e) $|z - \frac{1}{2}| = \sqrt{\left(\frac{u}{u^2+v^2} - \frac{1}{2}\right)^2 + \frac{v^2}{(u^2+v^2)^2}} = \frac{1}{4}$; $(u - \frac{8}{3})^2 + v^2 = \frac{16}{9}$; ○ mit $\frac{4}{3}$ um $z_1 = \frac{8}{3} + 0i$; $|w - \frac{8}{3}| = \frac{4}{3}$. f) $|z| = \sqrt{\frac{u^2+v^2}{(u^2+v^2)^2}} = r$; $u^2 + v^2 = \frac{1}{r^2}$; ○ mit $\frac{1}{r}$ um den N; $|w| = \frac{1}{r}$. g) $|z - 3| = \sqrt{\left(\frac{u}{u^2+v^2} - 3\right)^2 + \frac{v^2}{(u^2+v^2)^2}} = \frac{1}{2}$; $(u - \frac{12}{35})^2 + v^2 = (\frac{2}{35})^2$; ○ mit $\frac{2}{35}$ um $z_1 = \frac{12}{35} + 0 \cdot i$; $|w - \frac{12}{35}| = \frac{2}{35}$.

h) $|z-3-2i| = \sqrt{\left(\frac{u}{u^2+v^2}-3\right)^2 + \left(\frac{v}{u^2+v^2}-2\right)^2} = 1$; $\left(u-\frac{1}{4}\right)^2 + \left(v-\frac{1}{6}\right)^2 = \left(\frac{1}{12}\right)^2$; ○ mit $\frac{1}{12}$ um $z_1 = \frac{1}{4}+\frac{1}{6}i$; $\left|w-\frac{1}{4}-\frac{1}{6}i\right| = \frac{1}{12}$.

i) $|z-4-3i| = \sqrt{\left(\frac{u}{u^2+v^2}-4\right)^2 + \left(\frac{v}{u^2+v^2}-3\right)^2} = 5$; $v = -\frac{4}{3}u + \frac{1}{6}$; Gerade (durch die Schnittpunkte des Einheitskreises mit dem Kreis, der um $4+3i$ geschlagen ist und durch den N geht).

k) $a = \frac{u}{u^2+v^2}$. Wenn $a = 0$, $u = 0$; JA. Wenn $a \gtrless 0$, $\left(u-\frac{1}{2a}\right)^2 + v^2 = \left(\frac{1}{2a}\right)^2$; ○ mit $\frac{1}{2a}$ um $z_1 = \frac{1}{2a} + 0i$; $\left|w - \frac{1}{2a}\right| = \frac{1}{2a}$.

(31) $|z-a-bi| = \sqrt{\left(\frac{u}{u^2+v^2}-a\right)^2 + \left(\frac{v}{u^2+v^2}-b\right)^2} = r$;

$$\left(u-\frac{a}{a^2+b^2-r^2}\right)^2 + \left(v-\frac{b}{a^2+b^2-r^2}\right)^2 = \left(\frac{r}{a^2+b^2-r^2}\right)^2;$$

○ mit $\frac{r}{a^2+b^2-r^2}$ um $\frac{a}{a^2+b^2-r^2} + \frac{b}{a^2+b^2-r^2}i$; $\left|w - \frac{a+bi}{a^2+b^2-r^2}\right| = \frac{r}{a^2+b^2-r^2}$.

(32) Der Anfangspunkt bildet sich im Unendlichen ab, ein unendlich entfernter Punkt im Anfangspunkt, ein Punkt des Einheitskreises in sich selbst. a) Gerade durch die Schnittpunkte des Einheitskreises mit dem gegebenen ○ (vgl. 30 c, d); b) T im Berührungspunkt (vgl. 30 a, b); c) dieselbe Gerade; d) ○ durch den N und durch die Schnittpunkte der Geraden mit dem Einheitskreis (umgekehrt bei 30 i);

(33) 1. Figur auf S. 8. Der Kreis um O sei der Einheitskreis, dann bilden die Geraden L_2 und L_3 sich in den beiden durch O gehenden Kreisen ab und der Dreieckspunkt z_1 in w_1. $\sphericalangle$ EOF ist, wie ohne weiteres ersichtlich, gleich $\sphericalangle B z_1 C$; ebenso ist aber der Winkel zwischen den Tangenten in w_1 gleich.

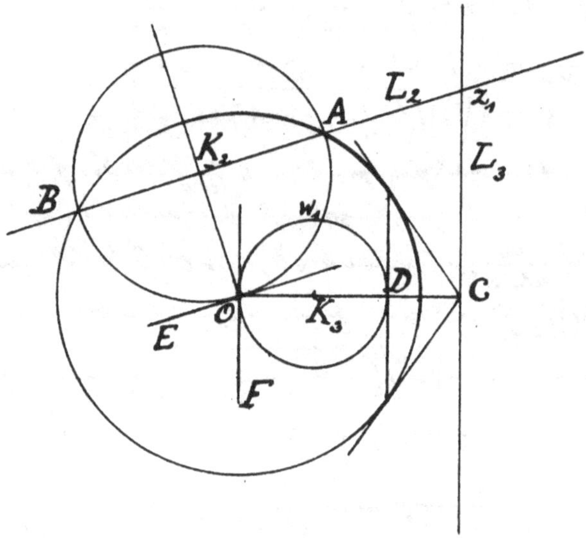

II. Gleichungen.

§ 1. Quadratische Gleichungen mit mehreren Unbekannten.

Vorbemerkung: Die nachfolgenden Lösungen bedeuten der Reihe nach $x_1; y_1 \mid x_2; y_2$ usw.

(1)ˣ⁾ $1; 2 \mid \frac{1}{2}; \frac{1}{2}$. (2) $16\frac{1}{3}; 4\frac{2}{3} \mid 3; -2$. (3)ˣ⁾ $0; 0 \mid 2\frac{1}{4}; 3$.
(4) $0; 0 \mid 5; -3$. (5)ˣ⁾ $1\frac{1}{4}; 1\frac{3}{5} \mid -2; -1$. (6) $3{,}2; -1{,}4 \mid -2{,}8; 1{,}6$.
(7) $4; -3 \mid -3; 4$. (8) $-5; 2 \mid 3\frac{10}{13}; -3\frac{11}{13}$ (9)ˣ⁾ $6; -4 \mid -10\frac{1}{2}; -9\frac{1}{2}$.
(10) $5; 3 \mid -4\frac{1}{3}; -1\frac{2}{5}$. (11)ˣ⁾ $2; 1 \mid -2; -1$. (12) $4\frac{13}{21}; 1\frac{5}{21} \mid 3; -2$.
(13)ˣ⁾ $1; -4 \mid 4; -5$. (14) $1; 2 \mid -1; -2$. (15) $-\frac{4}{2}; 3\frac{5}{2} \mid -4; 2$.
(16) $\frac{2}{3}; \frac{1}{2} \mid -\frac{2}{21}; -\frac{9}{14}$. (17) $1; 2 \mid -1\frac{1}{4}; -\frac{1}{4}$. (18) $-4; 3 \mid -5\frac{2}{3}; 6\frac{1}{3}$.
(19) $2; -3 \mid -\frac{3}{8}; 1\frac{3}{4}$. (20) $\pm\sqrt{28} \approx \pm 5{,}2915 \mid \pm 2; -2$. (21) $2{,}8; \pm 1{,}2 \mid$
$-1{,}8; \pm 1{,}9339$. (22) $\pm 1\frac{2}{3}; 1\frac{1}{6} \mid \pm\frac{1}{6}\sqrt{55} \approx \pm 1{,}236; -\frac{1}{3}$. (23)ˣ⁾ $\pm 2; 5 \mid \pm 2; -5$.

ˣ⁾ Tabellen zur graphischen Lösung von 1, 3, 5, 11 und 13 [9 und 23], s. S. 9.

$x =$	-5	-4	-3	-2	-1	0	1	2	3	4	5
1) $y =$	50	32	18	8	2	0	2	8	18	32	50
3) $y =$						0	± 2	$\pm 2{,}83$	$\pm 3{,}46$	± 4	$\pm 4{,}47$
5) $y =$	$-0{,}4$	$-0{,}5$	$-0{,}67$	-1	-2	∞	2	1	$0{,}67$	$0{,}5$	$0{,}4$
11) $y =$				± 1	$\pm 1{,}73$	$\pm 1{,}91$	$\pm 1{,}73$	± 1 (u. 0 für $x = \pm 2{,}35$)			
13) $y =$	$\pm 5{,}51$	± 5	$\pm 4{,}56$	$\pm 4{,}22$	± 4	$\pm 3{,}92$	± 4	$\pm 4{,}22$	$\pm 4{,}56$	± 5	$\pm 5{,}51$

$x =$	$\pm 4{,}47$	$\pm 4{,}90$	± 5	± 6	± 7	± 8	± 9	± 10	± 11
9) $y =$	0		$\pm 2{,}24$	± 4	$\pm 5{,}39$	$\pm 6{,}63$	$\pm 7{,}81$	$\pm 8{,}94$	$\pm 10{,}05$
23) $y =$		0	± 1	$\pm 3{,}46$	± 5	$\pm 6{,}32$			

je 4 Punkte.

(24) $\pm 1\frac{3}{4};\ 4\frac{1}{2} \mid \pm 1\frac{3}{4};\ -4\frac{1}{2}$. **(25)** $5;\ -1 \mid -5;\ 1$. **(26)** $\pm 1\frac{1}{4};\ 1\frac{1}{2} \mid \pm 1\frac{1}{4};\ -1\frac{1}{2}$. **(27)** $\pm 3{,}5833;\ 2{,}6 \mid \pm 2{,}2;\ -1{,}4$. **(28)** $3\frac{1}{3};\ \pm 2\frac{1}{6} \mid -1\frac{1}{3};\ \pm 1{,}5184\,i$. **(29)** $x : y = 3 : 5$; $xy = 375$; 15 und 25 cm. **(30)** $(x-y)^2 = 12^2 + 9^2 = 225$; $(x+y)^2 = 28^2 + 21^2 = 1225$. 25 und 10 m. **(31)** $8x + 4y = 80$; $2x^2 + 4xy = 250$; $8\frac{1}{3};\ 3\frac{1}{3}$ cm $\mid$ 5; 10 cm. **(32)** $x^2 + y^2 = 37^2$; $(x+10)(y+16) = xy + 840$; 35; 12 cm $\mid 26\frac{11}{89};\ 26\frac{18}{89}$ cm. **(33)** $x + y = 17$; $(x-3)(y+2) = \frac{21}{20}xy$; 12; 5 cm. **(34)** $x : y = 24 : 7$; $y\sqrt{x^2+y^2} = 700$; 48; 14 dm. **(35)** $x + 3 = y$; $x^2 : y^2 = 4 : 9$; 6; 9 cm. **(36)** $5x + 8 = 5y$; $x^2 : y^2 = 5 : 9$; $2 \pm \frac{6}{5}\sqrt{5} = 4{,}683$; 6,283 m. **(37)** $x^2 : y^2 = 4 : 5$; $x\sqrt{2} + 6 = y\sqrt{2}$; 35,94; 40,19 cm. **(38)** $x - y = 20$; $x^2 : y^2 = 16 : 7$; 59,07; 39,07 cm. **(39)** 7; -5. **(40)** $3\frac{1}{2};\ -2\frac{3}{4}$. **(41)** 3,4; $-2{,}5$. **(42)** $3\frac{3}{4};\ 2\frac{1}{2}$. **(43)** $6x^2 - 6y^2 = 306$; $x - y = 3{,}4$; 9,2; 5,8 cm. **(44)** $x^2\pi - y^2\pi = 140$; $x - y = 2$; 12,14; 10,14 cm. **(45)** $6;\ 5 \mid 5;\ 6 \mid -5;\ -6 \mid -6;\ -5$ (Tabelle unter A. 52) **(46)** $7;\ -4 \mid -4;\ 7 \mid 4;\ -7 \mid -7;\ 4$. **(47)** $9;\ -6 \mid -6;\ 9 \mid 6;\ -9 \mid -9;\ 6$. **(48)** $8;\ 2 \mid 2;\ 8 \mid -2;\ -8 \mid -8;\ -2$. **(49)** $3{,}6;\ 1{,}2 \mid 1{,}2;\ 3{,}6 \mid -1{,}2;\ -3{,}6 \mid -3{,}6;\ -1{,}2$. **(50)** $3\frac{1}{2};\ -1\frac{3}{4} \mid -1\frac{3}{4};\ 3\frac{1}{2} \mid 1\frac{3}{4};\ -3\frac{1}{2} \mid -3\frac{1}{2};\ 1\frac{3}{4}$. **(51)** $x^2 + y^2 = 89^2 = 7921$; $\frac{1}{2}xy = 1560$; 80 und 39 cm. **(52)** $4;\ 3 \mid 3;\ 4$.

$x =$	0	± 1	± 2	± 3	± 4	± 5	± 6	± 7
45) $y =$	$\pm\infty$	± 30	± 15	± 10	$\pm 7{,}5$	± 6	± 5	$\pm 4{,}29$
52) $y =$	$\pm\infty$	± 12	± 6	± 4	± 3	$\pm 2{,}4$	± 2	$\pm 1{,}71$

(53) $\frac{1}{2};\ \frac{3}{4} \mid \frac{3}{4};\ \frac{1}{2}$. **(54)** $6{,}2;\ 2{,}5 \mid 2{,}5;\ 6{,}2$. **(55)** $12;\ 7 \mid -7;\ -12$.

(56) $3\frac{1}{6}; -2\frac{1}{4} \mid 2\frac{1}{4}; -3\frac{1}{6}$. (57) 12,4; 3,5 | −3,5; −12,4. (58) $x+y=9{,}5$; $xy=19{,}84$; 6,4 und 3,1 m. (59) $x-y=12{,}6$; $xy=36$; 15 und 2,4 cm. (60) $x+y=98$; $xy=2205$; 63 und 35 m. (61) 5; −11 | −11; 5. (62) −2; 7 | −7; 2. (63) $2\frac{2}{3}; -1\frac{1}{6} \mid -1\frac{1}{6}; 2\frac{2}{3}$. (64) 0,5; 0,3 | −0,3; −0,5. (65) $x-y=14$; $x^2+y^2=26^2=676$; 24 und 10 cm. (66) $x+y=21$; $x^2+y^2=15^2=225$; 12 und 9 cm. (67) $x^2+y^2=2809$; $x-y=17$; 45 und 28 m. (68) Gl. II − Gl. I ergibt $4xy=24$; 3; 2 | 2; 3 | −2; −3 | −3; −2. (69) Gl. I + 2 × Gl. II ergibt $(x+y)^2-7(x+y)=30$; 6; 4 | 4; 6 | 5,07645; −8,07645 | −8,07645; 5,07645. (70) $II^2 - I$ ergibt $(xy)^2-18xy+56=0$; 7; 2 | 2; 7 | $-\frac{1}{2}\pm\frac{i}{2}\sqrt{15}; -\frac{1}{2}\mp\frac{i}{2}\sqrt{15}$. (71) Gl. II: $x-y=2xy-28$; $I-II^2$ ergibt $(xy)^2-\frac{113}{4}xy+\frac{795}{4}=0$; 5; 3 | −3; −5 | $-\frac{3}{4}+\frac{1}{4}\sqrt{221}=2{,}9665$; $\frac{3}{4}+\frac{1}{4}\sqrt{221}=4{,}4665$ | −4,4665; −2,9665. (72) $x-y=1{,}7$; $25x^2+25y^2=26{,}5^2$; 4,5 und 2,8 m. (73) $x:y=4:3$; $(25\sqrt{2}-3x)^2+(25\sqrt{2}-3y)^2=25^2$; 6,80; 5,10 | 19,59; 14,70 m. (74) a) 8; 6 | −40; −42. b) 8; 6 | 42; 40 nur wenn $\sqrt{x^2+y^2}$ negativ. c) 8; 6 | −5; −7. d) $\sqrt{x^2+y^2}=$ [illegible]; 8; 6 | 6; 8. e) $x:y=2$; $5(\sqrt{5}-1)\approx 6{,}18$; $5(3-\sqrt{5})\approx 3{,}82$ | 3,82; 6,18. (75) a) x^2+y^2 aus I^2 und x^3-y^3 aus I^3 in II eingesetzt gibt $(36+2xy)(216+18xy)=108576$; 10; 4 | −4; −10 | $3\pm i\sqrt{61}$; $-3\pm i\sqrt{61}$. b) 2 × I + II ergibt $(x+y)^2+(x+y)=2862$; 40; 13 | 13; 40 | $-27+\sqrt{102}\approx-16{,}9$; $-27-\sqrt{102}\approx-37{,}1$ | −37,1; −16,9. c) I − II gibt $x^2y-xy^2=162$, woraus $x^3-y^3=513$ und $(x-y)^3=27$ folgt; 9; 6 | −6; −9. Die Werte $3\varepsilon_2$ und $3\varepsilon_3$ für $x-y$ liefern außerdem $9\varepsilon_2; 6\varepsilon_2 \mid -6\varepsilon_2; -9\varepsilon_2 \mid 9\varepsilon_3; 6\varepsilon_3 \mid -6\varepsilon_3; -9\varepsilon_3$ | oder $-9\pm\frac{9i}{2}\sqrt{3}$; $-3\pm 3i\sqrt{3}$ und $3\pm 3i\sqrt{3}$; $\frac{9}{2}\pm\frac{9i}{2}\sqrt{3}$. (76) (Division!) 4; 3 | −3; −4. (77) 5; −2 | −2; 5. (78) 6; 4 | −4; −6. (79) $1\frac{1}{2}; 1\frac{1}{4} \mid 1\frac{1}{4}; 1\frac{1}{2}$. (80) $II^3 - I$ ergibt $xy(x+y)=12$; 3; 1 | 1; 3. (81) Desgl. 4; −3 | 3; −4. (82) $x+y+z=90$; $x^2+y^2=z^2$; $xy=540$. I gibt $x+y=90-z$; $I^2=II+2\times III$ ergibt $z=39$ cm. $x=36$ cm; $y=15$ cm. (83) $x+y=z+28$; $x^2+y^2=z^2$; $xy=2772$; wie A. 82; 36; 77; 85 cm. (84) $x+y+z=70$; $x^2+y^2+z^2=1682$;

$x^2+y^2=z^2$; 20; 21; 29 cm. (85) a) Elimination von x aus I und II und von z aus der entstehenden Gleichung und III; 6; 6; 4; 6 \ 21; −9; 14; −4; b) Elimination von y aus I und III; 2; −8; 32 \ 25; 15; 9. (86) a) $x-y=5$; $u-v=17$; $x^2+y^2=u^2+v^2$; $xy+uv=468$. Aus I^2 und II^2 in Verbindung mit III ergibt sich $xy-uv=132$; 20; 15; 24; 7 cm; b) $x-y=13$; $u-v=23$; $x^2+y^2=u^2+v^2$; $xy : uv = 169 : 154$; entsprechend A. 86a; 52; 39; 56; 33 cm.

---

§ 2. Gleichungen höheren Grades, die sich auf solche 2. Grades zurückführen lassen.

(1) $\pm\sqrt{3}$; $\pm i\sqrt{5}$. (2) ± 3; ± 2. (3) $\pm\frac{2}{3}$; $\pm\frac{1}{2}$. (4) 2; $-1\pm i\sqrt{3}$; 1; $-\frac{1}{2}\pm\frac{i}{2}\sqrt{3}$. (5) 3; $-\frac{3}{2}\pm\frac{3i}{2}\sqrt{3}$; −2; $-1\pm i\sqrt{3}$. (6) $-\frac{1}{2}$; $\frac{1}{4}\pm\frac{i}{4}\sqrt{15}$. −1; $\frac{1}{2}\pm\frac{i}{2}\sqrt{3}$. (7) Druckfehler, lies 69 statt 99; $x^2-2x-3=y$ ergibt $y^2-5y=84$; $y_1=12$; $y_2=-7$; $x=5$; −3; $1\pm i\sqrt{3}$.
(8) $x^2-4x-2=y$ ergibt $y^2+8y=2\frac{1}{16}$; $y_1=\frac{1}{4}$; $y_2=-8\frac{1}{4}$; $x=4\frac{1}{2}$; $-\frac{1}{2}$; $2\pm\frac{3}{2}i$. (9) $x^2+5x=y$ ergibt $\sqrt{y-8}-\sqrt{y-15}=\sqrt{y-23}$; $y_1=24$; $[y_2=6\frac{2}{3}]$; $x=3$; −8; $[-\frac{5}{2}\pm\frac{1}{6}\sqrt{465}=1{,}094$ und $-6{,}094]$; y_2, x_3, x_4 kommen nur in Betracht, wenn die zweite Wurzel negativ gesetzt wird. (10) $x^2-3x=y$ ergibt $2\sqrt{y}-\sqrt{y+5}=\sqrt{2y-7}$; $y_1=4$; $y_2=-5\frac{1}{7}$; $x=4$; −1; $\frac{3}{2}\pm\frac{9i}{14}\sqrt{7}=1{,}5\pm 1{,}701\,i$.

Vorbemerkung: Bei den reziproken Gleichungen 3. u. 5. Grades liefert die Zusammenstellung der symmetrisch stehenden Glieder und die Ausklammerung von $x-1$ oder $x+1$ den Wert $x_1=1$ oder $x_1=-1$ und außerdem eine Gleichung 2. oder 4. Grades, im letzteren Fall wieder eine reziproke Gleichung. Bei den reziproken Gleichungen 4. Grades ist die Zusammenstellung erst nach Division der Gleichung durch x^2 vorzunehmen und alsdann $x+\frac{1}{x}=y$, $x^2+\frac{1}{x^2}=y^2-2$ zu setzen.

(11) $-1;\ 3\cdot\frac{1}{3}$. (12) $-1;\ -\frac{1}{4}\pm\frac{i}{4}\sqrt{15}$. (13) $1;\ \frac{3}{2};\ \frac{2}{3}$. (14) $1;\ -\frac{1}{5};\ -5$. (15) $1;\ \frac{1}{3}\pm\frac{2}{3}i\sqrt{2}$. (16) $-1;\ -\frac{3}{10};\ -\frac{10}{3}$. (17) $y=2\frac{1}{2};\ -4\frac{1}{4};\ x=2;\ \frac{1}{2};\ -\frac{1}{4};\ -4$. (18) $y=2\frac{1}{2};\ 2,\ x=2;\ \frac{1}{2};\ 1;\ 1$. (19) $y=6\frac{1}{6};\ -2\frac{1}{6};\ x=6;\ \frac{1}{6};\ -\frac{2}{3};\ -\frac{3}{2}$. (20) $y=6\frac{1}{6};\ -\frac{5}{6};\ x=6;\ \frac{1}{6};\ -\frac{5}{12}\pm\frac{i}{12}\sqrt{119}$. 21. $y=5\frac{1}{5};\ -2;\ x=5;\ \frac{1}{5};\ -1;\ -1$. (22) $y=2\frac{1}{2};\ 2\frac{1}{12};\ x=2;\ \frac{1}{2};\ \frac{4}{3};\ \frac{3}{4}$. (23) $y=5{,}2;\ -2{,}5;\ x=5;\ \frac{1}{5};\ -\frac{1}{2};\ -2$. (24) $y=2;\ -3\frac{1}{3};\ x=-1;\ 1;\ 1;\ -\frac{1}{3};\ -3$. (25) $x_1=1$, sonst wie A. 23. (26) $y=4\frac{1}{4};\ -3\frac{1}{3};\ x=1;\ 4;\ \frac{1}{4};\ -\frac{1}{3};\ -3$. (27) $y=3\frac{1}{3};\ 2\frac{1}{30};\ x=-1;\ 3;\ \frac{1}{3};\ \frac{6}{5};\ \frac{5}{6}$.

---

§ 3. Aufgaben zum Koeffizientengesetz.

(1) $x_1+x_2=-\frac{b}{a}=-p;\ x_1x_2=\frac{c}{a}=q$. (2) b^2-4ac oder $p^2-4q\gtreqless 0$. (3) a) wenn $\frac{c}{a}$ oder $q>0$ ist, und zwar beide $\gtrless 0$, wenn $\frac{b}{a}$ od. $p\lessgtr 0$; b) wenn $\frac{c}{a}$ oder $q<0$ ist, und zwar die positive Wurzel die absolut größere, wenn $\frac{b}{a}$ oder $p<0$. (4) a) $x^2-11x+28=0$; b) $x^2+\frac{1}{2}x-7\frac{1}{2}=0$; c) $x^2+2{,}9x+1{,}38=0$; d) $x^2-2{,}4x-17{,}92=0$; e) $x^2-6x+13=0$; f) $x^2-x+1=0$. (5) -3. (6) $-1\frac{1}{3};\ p=-1\frac{1}{6}$. (7) a) $x^2-4x-96=0;\ 12;\ -8$. b) $8;\ -13$; c) $4\frac{1}{4};\ 2\frac{3}{4}$; d) $-2\frac{1}{2};\ -10\frac{1}{2}$; e) $\frac{1}{2};\ \frac{1}{4}$; f) $-\frac{1}{2};\ -2$; g) $-3\pm\sqrt{5}\approx-0{,}7639;\ -5{,}2361$; h) $\frac{1}{2}\pm\frac{1}{3}\sqrt{6}\approx1{,}3165;\ -0{,}3165$; i) $-3\pm4i$; k) $2\pm\frac{i}{2}\sqrt{5}\approx2\pm1{,}118i$. (8) $x_1x_2x_3x_4=60\,(24);\ x_1x_2+x_3x_4=-17\,(14);\ x_1+x_2=4\,(3);\ x_3+x_4=-4\,(7)$. Setzt man $x_1x_2=z_1$ und $x_3x_4=z_2$, so ist $z^2+17z+60=0;\ z=-5;\ -12\ (z^2-14z+24=0;\ z=12;\ 2)$; $x=5;\ -1;\ 2;\ -6\ |\ 6;\ -2;\ 1;\ -5\ \left(\frac{3}{2}\pm\frac{i}{2}\sqrt{39};\ \frac{7}{2}\pm\frac{1}{2}\sqrt{41}\ |\ 2;\ 1;\ 4;\ 3\right)$. (9) I $x_1+x_2=-p$; II $x_1x_2=q$. a) $\mathrm{I}^2-2\times\mathrm{II}=p^2-2q$; b) $\mathrm{I}^3-3.\mathrm{I}.\mathrm{II}=-p^3+3pq$; c) $\mathrm{I}^4-4.\mathrm{II}(\mathrm{I}^2-2.\mathrm{II})-6.\mathrm{II}^2=p^4-4p^2q+2q^2$. (10) I $x_1+x_2+x_3=-\mathcal{A}\ (=0)$; II $x_1x_2+x_1x_3+x_2x_3=\mathcal{B}\ (=a)$; III $x_1x_2x_3=-\mathcal{C}\ (=-b)$. (11) a) $x^3-6x^2-27x+140=0$; b) $x^3-8x^2+22x-20=0$; c) $x^3-20x^2+68\frac{3}{4}x-76=0$. (12) a) $-1;\ -3$; b) $5;\ -1$; c) $\frac{3}{4};\ -3\frac{5}{12};\ a=-9\frac{92}{144}$; d) $1{,}6;\ 0{,}5;\ \mathcal{B}=-5{,}92$; e) $-3\pm i\sqrt{2};\ \mathcal{B}=-19$; f) $4\pm5i;\ \mathcal{B}=113$; g) $\frac{1}{2}\pm\frac{i}{2}\sqrt{2};\ \mathcal{C}=-3$; h) 3

$\pm i\sqrt{2}$; $A = -14$. (13) a) $-1; -3; 6$; $B = -21$; b) $-6; 3 \pm 4i$; $a = -11$. (14) a) s. A. 10; $I^2 - 2.II = A^2 - 2B\ (= -2p)$; b) $I^3 - 6\,III - 3(I.II - 3.III) = -A^3 + 3AB - 3C\ (= -3q)$.

(15) a) $x_1 + x_2 + x_3 + x_4 = -a$; $x_1x_2 + x_1x_3 + x_1x_4 + x_2x_3 + x_2x_4 + x_3x_4 = b$; $x_1x_2x_3 + x_1x_2x_4 + x_1x_3x_4 + x_2x_3x_4 = -c$; $x_1x_2x_3x_4 = d$; b) s. Formelsammlung. (17) a) $x^4 - 2x^3 - 23x^2 - 12x + 36 = 0$; b) $x^4 - 6x^3 - 14x^2 + 154x - 255 = 0$; c) $x^4 - 10x^3 + 43x^2 - 94x + 90 = 0$.

(18) $5; -2; 3; -4$. (19) $6; -0{,}2; 0{,}4; -5$; $b = -29{,}88$; $c = 6{,}08$.

(20) a) Aus $x_1 + x_2 = 6$ folgt $x_3 + x_4 = -6$ und nach A. 16 $x_1x_2 + x_3x_4 = 13$; $x_1x_2x_3x_4 = 40$; vgl. mit A. 8; $z = 8; 5$; $x = 4; 2; -1; -5 \mid 5; 1; -2; -4$; $c = 18; -18$; b) entsprechend; $z = 25; 5$; $x = 4 \pm 3i; 2 \pm i \mid 4 \pm \sqrt{11}; 2 \pm i\sqrt{21}$; $c = -140; -220$.

(21) Aus $x_1x_2 = 13$ folgt $x_3x_4 = -9$ und (A. 16) $(x_1 + x_2)(x_3 + x_4) = 0$; $x = \pm i\sqrt{13}; 2 \pm \sqrt{13} \mid \pm 3; 2 \pm 3i$; $c = -52; 36$.

---

§4. Ermittelung rationaler Wurzeln.

(3) Die Division durch $x - x_1$ liefert a) $x + 3 = 0$; -3; b) $x^2 + 4x + 3 = 0$; $-1; -3$; c) $x^2 - 4x - 5 = 0$; $5; -1$. Entsprechend die Division durch $(x - x_1)(x - x_2)$ d) $x + 1{,}7 = 0$; $-1{,}7$; e) $x - 4 = 0$; 4; f) $x^2 + 2x - 15 = 0$; $3; -5$; g) $x^2 - \frac{1}{4}x - \frac{3}{8} = 0$; $\frac{3}{4}; -\frac{1}{2}$.

(5) a) $1; 2; -4$; b) -3; hieraus $x^2 - 2x + 5 = 0$; $1 \pm 2i$; c) $-2; 5; -7$; d) 5; hieraus $x^2 - 8x + 17 = 0$; $4 \pm i$; e) 5; hieraus $x^2 - x - 7 = 0$; $\frac{1}{2} \pm \frac{1}{2}\sqrt{29} \approx 3{,}1926; -2{,}1926$. (6) a) $1; -3$; hieraus $x^2 - 2x + 5 = 0$; $1 \pm 2i$; b) $-4; 5$; hieraus $x^2 + 1 = 0$; $\pm i$; c) $-1; 2; -3; 4$; d) $-1; 2$; hieraus $x^2 - 6x + 10 = 0$; $3 \pm i$.

(7) a) $x = \frac{1}{6}y$; $y^3 - 31y^2 - 204y + 864 = 0$; $y_1 = 3$; hieraus $y^2 - 28y - 288 = 0$; $36; -8$; $x = \frac{1}{2}; 6; -1\frac{1}{3}$; b) $x = \frac{1}{6}y$; $y^4 + 5y^3 - 234y^2 + 144y + 2592 = 0$; $y = -3; 4$; hieraus $y^2 + 6y - 216 = 0$; $12; -18$; $x = -\frac{1}{2}; \frac{2}{3}; 2; -3$.

---

§ 5. Ermittelung irrationaler Wurzeln durch Annäherung.

Die Aufgaben des § 5 erfordern gute Rechenfertigkeit, besonders im abgekürzten Multiplizieren und Dividieren, haben aber den Vorzug, daß ein Rechenfehler sich meistens schnell bemerkbar macht oder auch sich selbst korrigiert, da mit jedem neuen Näherungswert eine selbständige neue Rechnung beginnt.

Tabelle zu den Aufgaben 1–18.
(Die Auflösungen folgen auf S. 15 u. 16)

x =	−5	−4	−3	−2	−1	0	1	2	3	4	5
1.				−14	−5	−2	1	10			
2.						−23	−33	−37	−29	−3	47
3.		−44	1	36	37	40	41	46			
4.						−60	−67	−70	−63	−40	5
5.						−10	3	12	23	−23	−32
6.		−41,5	−8,625	6,25	9,125	6	2,875	5,75			
7.	−20	4	10	4	−8	−20	−26	−20	4	52	
8.				−17,6	8,2	16,8	14,2	6,4	−0,6	−0,8	11,8
9.			−8	1	−2	−11	−20	−23	−14	13	
10.			−44,5	−9,5	1,6	0,5	−0,5	10,5	45,5		
11.				25	2	−7	−14	−7	50		
12.					18	5	−2	−27	−22	133	
13.			$9\frac{1}{8}$	$-6\frac{2}{3}$	$-8\frac{5}{24}$	−4	$\frac{11}{24}$	$2\frac{2}{3}$	$3\frac{1}{8}$	$5\frac{1}{3}$	
14.						20	5	−12	5	116	
15.			62	−16	−36	−40	−46	−48	−16	104	
16.			389	18	−69	−22	57	114			
17.			−386	7	40	13	−14	19			
18.			−77	20	9	4	−1	−12	85		

Nr	α_1	$f(\alpha_1)$	$f'(\alpha_1)$	α_2	$f(\alpha_2)$	$f'(\alpha_2)$	α_3	$f(\alpha_3)$
1	0,7	−0,257	3,47	0,77	−0,0035			
2	4,1	0,821	39,43	4,08	0,0373	38,9392	4,079	−0,0018
od.	"	"	"	4,079	−0,0018			
od.	4	−3	37	4,08	0,0373	"	"	"
3	−3	1	34	−3,03	−0,029	34,603	−3,0292	−0,0015
od.	−3,1	−2,501	36,03	−3,03	"	"	"	"
4	4,9	−0,661	55,23	4,91	−0,1073	55,5043	4,912	0,0035
od.	"	"	"	4,912	0,0035			
5	0,8	0,912	10,92	0,72	0,02125	11,3552	0,718	−0,0014
od.	"	"	"	0,717	−0,0128	11,3723	"	"
od.	0,7	−0,207	11,47	0,72	0,02125	11,3552	"	"
od.	[illegible]	"	"	0,718	−0,0014			
6	−2,4	2,076	13,155	−2,56	−0,2172	15,5358	−2,546	−0,0013
od.	−2,5	0,6875	14,625	−2,55	−0,1124	15,3825	−2,543	0,0449 x)
od.	"	"	"	−2,547	−0,0159	15,3366	−2,546	−0,0013
7	1) −4,2	0,832	17,72	−4,25	−0,0781	18,6875	−4,246	−0,0035
od.	"	"	"	−4,24	0,1078	18,4928	"	"
od.	"	"	"	−4,247	−0,0221	18,629	"	"
	2) −1,7	0,757	−11,53	−1,63	−0,06	−11,8093	−1,635	−0,001
od.	"	"	"	−1,634	−0,0127	−11,7951	"	"
	3) 2,8	−2,528	30,32	2,88	−0,0289	32,1632	2,881	0,0035
od.	"	"	"	2,883	0,0671	32,2328	"	"
od.	"	"	"	"	"	"	2,8809	0,0002
od.	2,9	0,619	32,63	2,88	−0,0289	32,1632	2,881	0,0035
8	1) −1,3	2,539	21,63	−1,42	−0,1951	23,9532	−1,412	−0,0038
od.	−1,4	0,28	23,56	−1,41	0,0434	23,7563	"	"
	2) 2,9	−0,107	−5,25	2,88	−0,0007			
	3) 4,1	−0,215	6,51	4,13	−0,0136	6,9147	4,132	0,0001
od.	"	"	"	"	"	"	4,133	0,0072
od.	"	"	"	−1,412	−0,0038			
9	1) −2,1	0,739	3,23	−2,33	−0,3494	6,2867	−2,274	−0,0191 xx)
	2) −1,5	0,625	−3,25	−1,3	−0,197	−4,93	−1,34	−0,0061
	3) 3,5	−3,125	26,75	3,62	0,2542	29,3252	3,612	0,004
od.	3,6	−0,344	28,88	3,61	−0,0541	29,0963	"	"
od.	"	"	"	3,612	0,004			

x) $f'(\alpha_3) = 15{,}2754$; $\alpha_4 = -2{,}546$; $f(\alpha_4) = -0{,}0013$. xx) 5,5133; −2,2705; 0,003.

Nr		α_1	$f(\alpha_1)$	$f'(\alpha_1)$	α_2	$f(\alpha_2)$	$f'(\alpha_2)$	α_3	$f(\alpha_3)$	
10	1)	−1,1	1,138	4,260	−1,37	−0,5328	8,2614	−1,306	−0,038	1)
	od.	−1,2	0,644	5,640	−1,31	−0,0662	7,2966	−1,301	−0,0012	
	od.	−1,2	"	"	−1,3	−0,006				
	2)	0,5	−0,75	−1,5	0	0,5	−3	0,17	−0,0002	
	3)	1	−0,5	3	1,17	0,1932	5,2134	1,13	−0,0042	
	od.	1,1	−0,138	4,260	1,13	−0,0042				
11	1)	−0,8	−0,1904	−10,048	−0,82	0,0121	−10,2055	−0,819	0,0019	
	od.	"	"	"	−0,819	0,0019				
	2)	2,1	−4,3519	29,044	2,25	0,6288	37,5624	2,233	−0,0007	
	od.	2,2	−1,1744	34,592	2,23	−0,1202	35,9584	"	"	
	"	"	"	"	2,234	0,0353	36,5968	"	"	
12	1)	0,7	2,2903	−10,584	0,92	−0,6295	−16,0476	0,88	−0,0156	2)
	od.	0,8	1,1088	−13,056	0,885	−0,0912	−15,179	0,879	−0,001	
	2)	3,1	−15,8537	69,192	3,33	4,6307	110,4462	3,288	0,1659	3)
	od.	3,3	1,406	104,544	3,287	0,065	102,066	3,2864	0,0027	
13	1)	−2,4	−2,6368	−13,434	−2,6	0,4292	−17,308	−2,575	0,0031	
	2)	0,9	0,096	3,7445	0,88	0,0207	3,7919	0,875	0,0017	
	od.	"	"	"	0,874	−0,0022				
14	1)	1,3	−1,0739	−20,012	1,25	−0,0586	−21,1876	1,247	0,0021	
	od.	"	"	"	1,246	0,0223	−20,1984	"	"	
	2)	2,7	−6,7259	27,532	2,95	2,5136	47,4896	2,897	0,1188	4)
	od.	2,9	0,2481	43,156	2,894	−0,0093				
15	1)	−2,2	−6,8064	−52,312	−2,33	0,5847	−61,5643	−2,3205	0,0033	
	od.	−2,3	−1,2289	−59,338	−2,32	−0,0277	−60,8156	"	"	
	2)	3,1	−9,0589	73,934	3,22	0,5008	85,56	3,2141	−0,0027	
	od.	3,2	−1,1904	83,552	3,21	−0,35	84,5521	"	"	
16	1)	−1,8	−16,6288	−147,416	−1,91	1,1135	−175,499	−1,9037	0,009	
	od.	−1,9	−6,288	−177,862	−1,9036	−0,0089				
	2)	0,3	1,7252	81,106	0,28	0,1045	80,958	0,2787	0,0009	
	od.	"	"	"	0,279	0,0235	80,95	"	"	
17	1)	−2	7	131	−2,05	0,04	147,61	−2,0503	−0,0043	
	od.	−2,1	−7,782	165,481	"	"	"	"	"	
	2)	0,5	−1,4375	−28,375	0,45	−0,0131	−28,59	0,4495	0,0012	
	3)	1,8	−1,4086	75,976	1,82	0,1576	80,719	1,818	−0,0028	

1) $f'(\alpha_3) = 7,236$; $\alpha_4 = -1,301$; $f(\alpha_4) = -0,0012$.
2) " $= -15,054$; " $= 0,879$; " $= -0,001$.
3) " $= 102,2286$; " $= 3,2864$; " $= 0,0027$.
4) " $= 42,9012$; " $= 2,894$; " $= -0,0093$.

18	1)	−2,5	0,0937	82,8125	−2,501	0,0109	83,0355	−2,5011	0,0027
	od.	"	"	"	−2,5011	0,0027			
	2)	0,8	1,2557	−9,472	0,93	−0,1305	−11,828	0,919	−0,0014
	od.	0,9	0,2165	−11,2995	0,92	−0,013	−11,6532	"	"
	od.	"	"	"	0,919	−0,0014			
	3)	2,4	0,6822	62,208	2,39	0,0697	60,3227	2,389	0,0094
	od.	"	"	"	2,389	0,0094			

Vorbemerkung zu den Aufgaben 19–23: Für die vorkommenden Logarithmen sind vierstellige benutzt worden; im übrigen ist abgekürzt multipliziert und dividiert worden. In A. 19 lauten die Gleichungen a) $x \log x - 0{,}1761 = 0$; b) $x \log x - 2{,}9425 = 0$; c) $x \log x + 0{,}1451 = 0$.

Nr	α_1	$f(\alpha_1)$	$f'(\alpha_1)$	α_2	$f(\alpha_2)$	$f'(\alpha_2)$	α_3	$f(\alpha_3)$
19a	1,3	−0,0280	0,5482	1,35	−0,0002			
oder	1,4	0,0284	0,5804	1,35	−0,0002			
19b	4,5	−0,0031	1,0875	4,503	0,0002			
19c	0,2	0,0058	−0,2647	0,22	0,0004			
20	0,7	−0,0288	0,8998	0,732	−0,0002			
21	5	−0,4250	1,1745	5,36	0,0025	1,2007	5,358	0,0001
22	4	−3,3046	6,5540	4,5	0,2891	7,83315	4,463	0,0004
23	0,002	0,0030	218,15	0,001985	−0,002			

Vorbemerkung zu den Aufgaben 24–29: Für die Rechnung sind nur die vierstelligen trigonometrischen Funktionen benutzt worden, im übrigen abgekürzte Multiplikation und Division. Die Ergebnisse folgen in derselben Weise aufeinander, wie in den obigen Tabellen.

(24) a) $f(x) = x \cdot \sin x - 1$; $f'(x) = \sin x + x \cdot \cos x$; $\alpha_1 = 45^\circ = 0{,}7854$; $-0{,}4446$; $1{,}2625$; $\alpha_2 = 1{,}1376 = 65^\circ 11'$; $0{,}0325$; $1{,}3851$; $\alpha_3 = 1{,}1142 = 63^\circ 50'$; $0{,}00005$. $\beta_1 = 135^\circ = 2{,}3562$; $0{,}6660$; $-0{,}9589$; $\beta_2 = 3{,}0508 = 174^\circ 48'$; $-0{,}7233$; $-2{,}9476$; $\beta_3 = 2{,}8054 = 160^\circ 44'$; $-0{,}0742$; $-2{,}3183$; $\beta_4 = 2{,}7734 = 158^\circ 54'$; $0{,}0016$; $-2{,}2273$; $\beta_5 = 2{,}7727 = 158^\circ 52'$; $-0{,}0002$. b) $f(x) = x \cdot \cos x - 1$; $f'(x) = \cos x - x \sin x$; $\alpha_1 = 270^\circ = 4{,}7124$; -1; $4{,}7124$; $\alpha_2 = 4{,}9246 = 282^\circ 10'$; $0{,}0380$; $5{,}0246$; $\alpha_3 = 4{,}9170 = 281^\circ 43'$; $-0{,}0014$; $5{,}0174$; $\alpha_4 = 4{,}9173 = 281^\circ 44'$; $0{,}0002$.

(25) a) $f(x) = \sin x - x \cos x$; $f'(x) = x \sin x$; $\alpha_1 = 270^\circ = 4{,}7124$;

-1; $-4{,}7124$; $\alpha_2 = 4{,}5002 = 257°51'$; $-0{,}03035$; $-4{,}3994$; $\alpha_3 = 4{,}4933 = 257°27'$; $0{,}0004$; $\operatorname{tg}\delta = \cos\alpha_3 = -0{,}2173$; $\delta = -12°15'$; $\beta_1 = 450° = 7{,}8540$; 1; $7{,}8540$; $\beta_2 = 7{,}7267 = 442°42'$, $0{,}0106$; $7{,}6641$; $\beta_3 = 7{,}7253 = 442°38'$; $0{,}0014$; $7{,}6612$; $\beta_4 = 7{,}7251 = 442°37'$; $-0{,}00085$. $\operatorname{tg}\varepsilon = \cos\beta_4 = 0{,}1285$; $\varepsilon = 7°19'$.

b) $f(x) = \cos x + x\sin x$; $f'(x) = x\cdot\cos x$; $\alpha_1 = 180° = 3{,}1416$; -1; $-3{,}1416$; $\alpha_2 = 2{,}8233 = 161°46'$; $-0{,}0664$; $-2{,}6615$; $\alpha_3 = 2{,}7985 = 160°21'$; $-0{,}0009$; $\operatorname{tg}\delta = -\sin\alpha_3 = -0{,}3362$; $\delta = -18°35'$; $\beta_1 = 360° = 6{,}2832$; 1; $6{,}2832$; $\beta_2 = 6{,}1240 = 350°53'$; $0{,}01735$; $6{,}0465$; $\beta_3 = 6{,}1211 = 350°43'$; $0{,}0004$; $\operatorname{tg}\varepsilon = -\sin\beta_3 = 0{,}1613$, $\varepsilon = 9°10'$.

(26) **a)** $f(x) = \sin x + x\cdot\cos x$; $f'(x) = 2\cos x - x\sin x$; $\alpha_1 = 0°$; $\beta_1 = 135° = 2{,}3562$; $-0{,}9589$; $-3{,}0802$; $\beta_2 = 2{,}0449 = 117°10'$; $-0{,}0440$; $-2{,}7326$; $\beta_3 = 2{,}0288 = 116°14'$; $0{,}0003$; $\gamma_1 = 270° = 4{,}7124$; -1; $4{,}7124$; $\gamma_2 = 4{,}9246 = 282°10'$; $0{,}0605$; $5{,}2354$; $\gamma_3 = 4{,}9130 = 281°30'$; $-0{,}0002$. **b)** $f(x) = \cos x - x\sin x$; $f'(x) = -2\sin x - x\cos x$; $\alpha_1 = 45° = 0{,}7854$; $0{,}1517$; $-1{,}9696$; $\alpha_2 = 0{,}8624 = 49°25'$; $-0{,}0044$; $-2{,}0799$; $\alpha_3 = 0{,}8603 = 49°18'$; $-0{,}0001$; $\beta_1 = 180° = 3{,}1416$; -1; $3{,}1416$; $\beta_2 = 3{,}4599 = 198°14'$; $0{,}1328$; $3{,}9120$; $\beta_3 = 3{,}4260 = 196°18'$; $0{,}0015$; $3{,}8495$; $\beta_4 = 3{,}4256 = 196°16'$; $-0{,}0005$.

(27) **a)** $f(x) = x - \sin 2x$; $f'(x) = 1 - 2\cos 2x$; $\alpha_1 = 0$; $\beta_1 = 45° = 0{,}7854$; $-0{,}2146$; 1; $\beta_2 = 1 = 57°18'$; $0{,}0907$; $1{,}8326$; $\beta_3 = 0{,}9505 = 54°28'$; $0{,}0046$; $1{,}6490$; $\beta_4 = 0{,}9477 = 54°18'$; $-0{,}0001$. **b)** $f(x) = x - \cos 2x$; $f'(x) = 1 + 2\sin 2x$; $\alpha_1 = 45° = 0{,}7854$; $0{,}7854$; 3; $\alpha_2 = 0{,}5236 = 30°$; $0{,}0236$; $2{,}7320$; $\alpha_3 = 0{,}5150 = 29°30'$; $0{,}0000$.

(28) **a)** $f(x) = \sin^2 x - x\sin 2x$; $f'(x) = -2x\cdot\cos 2x$; außer $0°, 180°, 360°$: $\alpha_1 = 90° = 1{,}5708$ ($45°$ nicht brauchbar, weil $f'(45°) = 0$); 1; $3{,}1416$; $\alpha_2 = 1{,}2525 = 71°46'$; $0{,}1577$; $2{,}0145$; $\alpha_3 = 1{,}1742 = 67°17'$; $0{,}0142$; $1{,}6479$; $\alpha_4 = 1{,}1656 = 66°47'$; $0{,}0000$; $\beta_1 = 270° = 4{,}7124$; 1; $9{,}4248$; $\beta_2 = 4{,}6063 = 263°55'$; $0{,}0176$; $9{,}0054$; $\beta_3 = 4{,}6043 = 263°49'$; $0{,}0021$; $8{,}9950$; $\beta_4 = 4{,}6041 = 263°48'$; $-0{,}0003$. **b)** $f(x) = \cos^2 x + x\sin 2x$; $f'(x) = 2x\cos 2x$;

außer 90° und 270°: $\alpha_1 = 180° = 3{,}1416$; 1; 6,2832; $\alpha_2 = 2{,}9824 = 170°53'$; 0,0418; 5,6654; $\alpha_3 = 2{,}9750 = 170°27'$; $-0{,}0009$; $\beta_1 = 360° = 6{,}2832$; 1; 12,5664; $\beta_2 = 6{,}2036 = 355°27'$; 0,0128; 12,2509; $\beta_3 = 6{,}2026 = 355°23'$; $-0{,}0019$; 12,2439; $\beta_4 = 6{,}2028 = 355°24'$ (0,0018); β_5 also zwischen 355°23' und 355°24'.

(29) a) $f(x) = 2\sin x + x\cos x$;[x)] $\alpha_1 = 135° = 2{,}3562$; $-0{,}2518$; $-3{,}7873$; $\alpha_2 = 2{,}2897 = 131°11'$; $-0{,}0026$; $-3{,}6987$; $\alpha_3 = 2{,}2890 = 131°9'$; $-0{,}0003$; $\beta_1 = 270° = 4{,}7124$; -2; 4,7124; $\beta_2 = 5{,}1368 = 294°19'$; 0,2928; 5,9162; $\beta_3 = 5{,}0874 = 291°29'$; 0,0020; 5,8324; $\beta_4 = 5{,}0871 = 291°28'$; 0,0007; b) $f(x) = 2\cos x - x\sin x$; $f'(x) = -3\sin x - x\cos x$; $\alpha_1 = 45° = 0{,}7854$; 0,8588; $-2{,}6767$; $\alpha_2 = 1{,}1063 = 63°23'$; $-0{,}0931$; $-3{,}1776$; $\alpha_3 = 1{,}0770 = 61°42'$; $-0{,}0001$; $\beta_1 = 225° = 3{,}9270$; 1,3625; 4,8980; $\beta_2 = 3{,}6488 = 209°4'$; 0,0246; 4,6465; $\beta_3 = 3{,}6435 = 208°45'$; $-0{,}0010$.

x) $f'(x) = 3\cos x - x\sin x$.

---

§ 6. Kubische Gleichungen.

(1) -2, 1; 1. (2) 4; -2; -2. (3) -6; 3; 3. (4) -8; 4; 4.
(5) $-1\frac{1}{3}$; $\frac{2}{3}$; $\frac{2}{3}$. (6) $-\frac{2}{3}$; $\frac{1}{3}$; $\frac{1}{3}$. (7) 1; $-\frac{1}{2}$; $-\frac{1}{2}$. (8) $3\frac{1}{3}$; $-1\frac{2}{3}$; $-1\frac{2}{3}$.
(9) $-\frac{2}{5}$; $\frac{1}{5}$; $\frac{1}{5}$.

(10) 3; $-\frac{3}{2} \pm \frac{i}{2}\sqrt{3}$. (11) 4; $-2 \pm i\sqrt{3}$. (12) 5; $-\frac{5}{2} \pm \frac{i}{2}\sqrt{3}$. (13) 5; $-\frac{5}{2} \pm \frac{7i}{2}\sqrt{3}$. (14) -1; $\frac{1}{2} \pm \frac{5i}{2}\sqrt{3}$. (15) -6; $3 \pm i\sqrt{3}$. (16) $x = y - 2$; $y^3 + 60y - 61 = 0$; $y = 1$; $-\frac{1}{2} \pm \frac{9i}{2}\sqrt{3}$; $x = -1$; $-2\frac{1}{2} \pm \frac{9i}{2}\sqrt{3}$.
(17) $x = y + 3$; $y^3 - 45y + 152 = 0$; $y = -8$; $4 \pm i\sqrt{3}$; $x = -5$; $7 \pm i\sqrt{3}$.
(18) $x = y + 4$; $y^3 - 2\frac{1}{4}y - 3\frac{1}{2} = 0$; $y = 2$; $-1 \pm \frac{i}{2}\sqrt{3}$; $x = 6$; $3 \pm \frac{i}{2}\sqrt{3}$.
(19) $x = y - \frac{1}{2}$; $y^3 - 5\frac{5}{8}y + 16\frac{3}{64} = 0$; $y = -3\frac{1}{4}$; $1\frac{5}{8} \pm \frac{7i}{8}\sqrt{3}$; $x = -3\frac{3}{4}$; $1\frac{1}{8} \pm \frac{7i}{8}\sqrt{3}$.
(20) $-3{,}113 - 8{,}886 = -11{,}999$ (-12); $6 \pm 2{,}8865\, i\sqrt{3} = 6 \pm 5i$ (Dasselbe auch durch Division mit $x + 12$). (21) $4{,}633 + 1{,}367 = 6$; $-3 \pm 2{,}828\, i$ (durch Division $-3 \pm 2i\sqrt{2}$). (22) $-2{,}427 + 0{,}927 = -1{,}5$; $0{,}75 \pm 1{,}677\, i\sqrt{3}$

$= 0{,}75 \pm 2{,}904\,i \left(\frac{3}{4} \pm \frac{i}{4}\sqrt{135} = 0{,}75 \pm 2{,}905\,i\right)$. (23) $2{,}809 + 1{,}691 = 4{,}5$; $-2{,}25 \pm 0{,}559\,i\sqrt{3} = -2{,}25 \pm 0{,}9681\,i \left(-\frac{9}{4} \pm \frac{i}{4}\sqrt{15} = -2{,}25 \pm 0{,}96825\,i\right)$. (24) $-0{,}252 - 2{,}35 = -2{,}602\,(-2{,}6)$; $1{,}3 \pm 1{,}818\,i$ (durch Division mit $x + 2{,}6$ ergibt sich $1{,}3 \pm i\sqrt{3{,}31} = 1{,}3 \pm 1{,}819\,i$.

(25) $1{,}411 - 0{,}5229 = 0{,}8881\,\left(\frac{8}{9}\right)$; $-\frac{4}{9} \pm 0{,}96695\,i\sqrt{3} = -0{,}4444 \pm 1{,}675\,i \left(-\frac{4}{9} \pm \frac{i}{9}\sqrt{227} = -0{,}4444 \pm 1{,}6741\,i\right)$. (26) $x = y - \frac{1}{3}$; $y^3 - 7\frac{1}{3}y + 67\frac{11}{27} = 0$; $y_1 = \frac{1}{3}\left(\sqrt[3]{-910+904} + \sqrt[3]{-910-904}\right) = -4{,}669$; $x_1 = -5{,}002\,(-5)$; Division mit $x + 5$ ergibt $x_{2,3} = 2 \pm 3i$.

(27) $x = y + \frac{4}{9}$; $y^3 + 17\frac{11}{27}y - 16\frac{128}{729} = 0$; $y_1 = 2{,}894 - 2{,}005 = 0{,}889\,\left(\frac{8}{9}\right)$; $x_1 = 1\frac{1}{3}$; Division mit $x - \frac{4}{3}$ ergibt $x_{2,3} = \pm i\sqrt{18} = \pm 4{,}2426\,i$. (28) $x = y - 3$; $y^3 - y + 24 = 0$; da $\sqrt{\frac{3887}{27}}$ von 12 nur außerordentlich wenig verschieden ist, wird logarithmische Berechnung zu ungenau; $\frac{1}{9}\sqrt{11661}$ liefert ausgezogen 11,9985; $y_1 = -0{,}1145 - 2{,}8845 = -2{,}999\,(-3)$; $x_1 = -6$; durch Division $x_{2,3} = -\frac{3}{2} \pm \frac{i}{2}\sqrt{23} = -1{,}5 \pm 2{,}3979\,i$. (29) $x = y + \frac{3}{2}$; $y^3 + 35\frac{1}{4}y - 36\frac{1}{4} = 0$; $y_1 = 3{,}964 - 2{,}964 = 1$; $x_1 = 2\frac{1}{2}$; durch Division $x_{2,3} = 1 \pm 6i$. (30) $x = y - 3\frac{2}{3}$; $y^3 - 47\frac{1}{3}y + 184\frac{7}{27} = 0$; $y_1 = -2{,}908 - 5{,}425 = -8{,}333$; $x_1 = -12$; durch Division $x_{2,3} = \frac{1}{2} \pm \frac{i}{2}\sqrt{19} = 0{,}5 \pm 2{,}17945\,i$.

<u>Vorbemerkung</u>: Eingeklammerte Ergebnisse sind mit fünfstelligen Logarithmen berechnet worden.

(31) $x_1 = -0{,}7697 - 2{,}598 = -3{,}3677\,(-0{,}7697 - 2{,}5984 = -3{,}3681)$; $x_{2,3} = 1{,}68385 \pm 0{,}91415\,i\sqrt{3} = 1{,}68385 \pm 1{,}583\,i\,(1{,}68405 \pm 1{,}5837\,i)$.

(32) $x_1 = 3{,}463 - 2{,}598 = 0{,}865\,(3{,}4635 - 2{,}5986 = 0{,}8649)$; $x_{2,3} = -0{,}4325 \pm 3{,}0305\,i\sqrt{3} = -0{,}4325 \pm 5{,}249\,i\,(-0{,}43245 \pm 5{,}25\,i)$.

(33) $x_1 = -1{,}8535 - 2{,}6975 = -4{,}551\,(-1{,}8534 - 2{,}69775 = -4{,}55115)$; $x_{2,3} = 2{,}2755 \pm 0{,}422\,i\sqrt{3} = 2{,}2755 \pm 0{,}7309\,i\,(2{,}2755 \pm 0{,}731225\,i)$.

(34) $x_1 = 1{,}963 - 1{,}528 = 0{,}435\,(1{,}9633 - 1{,}5280 = 0{,}4353)$; $x_{2,3} = -0{,}2175 \pm 1{,}7455\,i\sqrt{3} = -0{,}2175 \pm 3{,}023\,i\,(-0{,}21765 \pm 3{,}0236\,i)$.

(35) $x_1 = -1{,}499 - 1{,}78 = -3{,}279\,(-1{,}4986 - 1{,}7794 = -3{,}2780)$; $x_{2,3} = 1{,}6395 \pm 0{,}1405\,i\sqrt{3} = 1{,}6395 \pm 0{,}2433\,i\,(1{,}639 \pm 0{,}24318\,i)$.

(36) $x_1 = -0{,}4663 - 1{,}072 = -1{,}5383\,(-0{,}46642 - 1{,}072 = -1{,}53842)$;

$x_{2,3} = 0{,}76915 \pm 0{,}30285\, i\sqrt{3} = 0{,}76915 \pm 0{,}5245\, i$ $(0{,}76921 \pm 0{,}52445\, i)$.

(37) $\varphi = 22°47'$ $(22°46'6'')$; 13; -8; -5. (38) $\varphi = 32°42'$ $(32°40'52'')$; $\frac{3}{4}$; $-\frac{1}{2}$; $-\frac{1}{4}$. (39) $\varphi = 151°53'$ $(151°53'51'')$; $4\frac{1}{2}$; -7; $2\frac{1}{2}$.

(40) $x = y + \frac{5}{9}$; $y^3 - \frac{109}{108}y + \frac{323}{2916} = 0$; $\varphi = 106°29'$ $(106°29'20'')$; $x = 1\frac{1}{2}$; $-\frac{1}{2}$; $\frac{2}{3}$.

(41) $\varphi = 60°$; $1{,}8794$; $-1{,}5320$; $-0{,}3472$. (42) $\varphi = 120°$; $3{,}0640$; $-3{,}7588$; $0{,}6944$. (43) $\varphi = 60°$; $7{,}5176$; $-6{,}1280$; $-1{,}3888$.

(44) $\varphi = 135°$; 1; $-1{,}366$; $0{,}366$. (45) $\varphi = 45°$; $5{,}4642$; -4; $-1{,}4642$.

(46) $\varphi = 135°$; $\frac{2}{3}$; $-0{,}9107$; $0{,}2441$. (47) $\varphi = 150°$; $0{,}742$; $-1{,}137$; $0{,}395$.

(48) $\varphi = 30°$; $4{,}549$; $-2{,}969$; $-1{,}58$. (49) $\varphi = 30°$; $3{,}411$; $-2{,}227$; $-1{,}185$.

(50) $\varphi = 62°18'$ $(62°18'21'')$; $2{,}414$; -2; $-0{,}41425$ $(2{,}4142$; -2; $0{,}4142)$.

(51) $\varphi = 63°36'$ $(63°36'43'')$; $5{,}595$; $-4{,}677$; $-0{,}9182$ $(5{,}5939$; $-4{,}6763$; $-0{,}9175)$.

(52) $\varphi = 67°22'$ $(67°21'44'')$; $3{,}201$; $-2{,}746$; $-0{,}4551$ $(3{,}2015$; $-2{,}7466$; $-0{,}4549)$.

(53) $\varphi = 48°11'$ $(48°11'21'')$; $0{,}9610$; $-0{,}7201$; $-0{,}2408$ $(0{,}960925$; $-0{,}7201$; $-0{,}24085)$.

(54) $q^3 - q^2 + q - \frac{14}{27} = 0$; $q = y + \frac{1}{3}$; $y^3 + \frac{2}{3}y - \frac{7}{27} = 0$; $y = \frac{2}{3} - \frac{1}{3} = \frac{1}{3}$; $q = \frac{2}{3}$. (55) $q^3 - 3q^2 - 6q + 8 = 0$; $q_1 = 1$; durch Division $q^2 - 2q - 8 = 0$; $q_2 = 4$; $q_3 = -2$. (56) $q^3 - 3q^2 - 9q - 5 = 0$; $q = y + 1$; $y^3 - 12y - 16 = 0$; $y = 4$; -2; -2; $q = 5$; -1; -1. a ist erst durch die Zahl 100 bestimmt, und zwar $= 2$; -25; -25. (57) $q^3 - 6q^2 - 12q + 112 = 0$; $q = y + 2$; $y^3 - 24y + 72 = 0$; $y = -2 - 4 = -6$; $q = -4$; $a = 2$. (58) a) $x^3 - \frac{8}{3}x + 4 = 0$; $-0{,}56875 - 0{,}7253 = -1{,}29405$ $(-0{,}568875 - 0{,}72532 = -1{,}294195)$; b) $x^3 - \frac{8}{3}x + 2 = 0$; $-0{,}7688 - 1{,}156 = -1{,}9248$ $(-0{,}76882 - 1{,}1562 = -1{,}92502)$; c) $x^3 - \frac{8}{3}x + 6 = 0$; $-0{,}4918 - 1{,}805 = -2{,}2968$ $(-0{,}49241 - 1{,}805 = -2{,}29741)$. (59) a) $x^3 + \frac{3}{2}x^2 - \frac{1}{3} = 0$; $x = y - \frac{1}{2}$; $y^3 - \frac{3}{4}y - \frac{1}{12} = 0$; $\varphi = 70°32'$ $(70°31'43'')$; $0{,}9170$; $-0{,}8041$; $-0{,}1129$ $(0{,}917$; $-0{,}80395$; $-0{,}11304)$; $x = 0{,}4170$; $-1{,}3041$; $-0{,}6129$ $(0{,}417$; $-1{,}30395$; $-0{,}61304)$; b) $x^3 + \frac{3}{2}x^2 - \frac{2}{3} = 0$; $x = y - \frac{1}{2}$; $y^3 - \frac{3}{4}y - \frac{5}{12} = 0$; $y = \frac{1}{2}\sqrt[3]{3} + \frac{1}{6}\sqrt[3]{9} = 0{,}7211 + 0{,}3467 = 1{,}0678$. $x = 0{,}5678$. c) $x^3 + \frac{3}{2}x = 0$; 0; 0; $-1\frac{1}{2}$.

(60) $f'(x) = f(x) : x$; a) $x^3 - 3x^2 + 4 = 0$; $x = y + 1$; $y^3 - 3y + 2 = 0$; -2; 1; 1; $x = -1$; 2; 2; b) $x^3 + \frac{3}{2}x^2 - 1 = 0$; $x = y - \frac{1}{2}$; $y^3 - \frac{3}{4}y - \frac{3}{4} = 0$;

$0{,}89975 + 0{,}2779 = 1{,}17765$ $(0{,}8998 + 0{,}27785 = 1{,}17765)$; $x = 0{,}67765$. **(61)** $u^3 - 12u^2 + 44u - 48 = 0$; $u = v + 4$; $v^3 - 4v = 0$; $0; 2; -2$; $x = 4$ cm, $y = 6$ cm, $z = 2$ cm. **(62)** $x^3 - 9x - 28 = 0$; $x = 3 + 1 = 4$ cm (Seitenkante); Grundkanten 1 und 7 cm. **(63) a)** $x^3 + 24x^2 + 188x - 480 = 0$; $x = y - 8$; $y^3 - 4y - 960 = 0$; der Wert $y = 10$ läßt sich leicht erraten, daher $x = 2$ cm. Wendet man die Cardanische Formel an, so ist zu bedenken, daß die darin vorkommende Quadratwurzel sich wenig von 480 unterscheidet (vgl. A. 28), daher wenigstens auf 4 Dezimalstellen (479,9975) ausgezogen werden muß; alsdann ist $y = 9{,}865 + 0{,}1357 = 10{,}0007$ $(9{,}8648 + 0{,}13562 = 10{,}00042)$; **b)** $x^3 + 24x^2 + 188x - 960 = 0$; $x = y - 8$; $y^3 - 4y - 1440 = 0$; vgl. 63a; die Quadratwurzel ist 719,9359; $y = 11{,}29 + 0{,}4002 = 11{,}6902$ $(11{,}292 + 0{,}40021 = 11{,}69221)$; $x = 3{,}6902$ $(3{,}69221)$ cm. **(64)** $\frac{x}{r} = y$; $y^3 - 3y^2 + 3 = 0$; $y = z + 1$; $z^3 - 3z + 1 = 0$; $\varphi = 120°$; $1{,}532$; $-1{,}8794$; $0{,}3472$; $x = 1{,}3472\,r$. **(65)** $\frac{x}{r} = y$; $y^3 - 3y^2 + 2\frac{5}{17} = 0$, $y = z + 1$; $z^3 - 3z + \frac{5}{17} = 0$; $\varphi = 98°27'$ $(98°27'23'')$; $1{,}6809$; $-1{,}7792$; $0{,}0982$ $(1{,}6808$; $-1{,}7791$; $0{,}098358)$; $x = 1{,}0982\,r$ $(1{,}098358\,r)$. **(66) a)** $\frac{x}{r} = y$; $y^3 - 3y^2 + 1\frac{1}{2} = 0$; $y = z + 1$; $z^3 - 3z - \frac{1}{2} = 0$; $\varphi = 75°31'$ $(75°31'21'')$; $1{,}8102$; $-1{,}6416$; $-0{,}1686$ $(1{,}810$; $-1{,}6418$; $-0{,}16825)$; $x = 0{,}8314\,r$ $(0{,}83175\,r)$; **b)** $r - x = ry$; $y^3 - 3y^2 + \frac{1}{2} = 0$; $y = z + 1$; $z^3 - 3z - 1\frac{1}{2} = 0$; $\varphi = 41°25'$ $(41°24'35'')$; $1{,}9422$; $-1{,}3844$; $-0{,}5580$; $(1{,}9423$; $-1{,}3844$; $-0{,}55786)$; $x = 0{,}5580\,r$ $(0{,}55786\,r)$. **(67)** $x^3 - 81x^2 + 405x - 675 = 0$; $x = y + 27$; $y^3 - 1782y - 29106 = 0$; die Quadratwurzel der Cardanischen Formel genau gleich 1485; $y = 48{,}78$ $(48{,}772)$; $x = 75{,}78$ $(75{,}772)$ mm. **(68)** $x^3 - 3\frac{3}{4}x + 2\frac{1}{2} = 0$; $\varphi = 153°26'$ $(153°26'5'')$; $1{,}403$; $[-2{,}2095; 0{,}8068]$ cm $(1{,}4028$ cm$)$. **(69)** $x^3 - 30x^2 + 312 = 0$, $x = y + 10$; $y^3 - 300y - 1688 = 0$; $\varphi = 32°26'$ $(32°26'8'')$; $19{,}645$; $-13{,}074$; $-6{,}572$; $x = 3{,}428$ $(3{,}4264)$ cm. **(70)** $x^3 - 30x^2 + \frac{3000}{\pi} = 0$; $x = y + 10$; $y^3 - 300y - 1045$ $(1045{,}075) = 0$. $\varphi = 58°30'$ $(58°29'35'')$; $18{,}852$; $-15{,}208$; $-3{,}644$; $x = 6{,}356$ $(6{,}3546)$ cm. **(71) a)** $\frac{x}{r} = y$; $y^3 - 3y^2 + 1 = 0$; $y = z + 1$; $z^3 - 3z - 1 = 0$; $\varphi = 60°$, $1{,}8794$; $-1{,}532$; $-0{,}3472$; $x = 0{,}6528\,r$; **b)** $\frac{x}{r} = y$; $y^3 - 3y^2 + \frac{2}{3} = 0$; $y = z + 1$; $z^3 - 3z - \frac{4}{3} = 0$; $\varphi = 48°11'$ $(48°11'21'')$; $1{,}9220$; $-1{,}4402$;

$-0{,}4816$; $x = 0{,}5184\,r$ $(0{,}5183\,r)$. **(22)** a) $\frac{x}{r} = y$; $y^3 - 2y^2 + 1 = 0$; $y = z + \frac{2}{3}$; $z^3 - \frac{4}{3}z + \frac{11}{27} = 0$; $\varphi = 133°26'$ $(133°25'55'')$; $0{,}9513$; $-1{,}2847$; $0{,}3335$; $x = 1{,}6180\,r$, $1{,}0002\,r$ $(1{,}61773\,r$; $0{,}99999\,r)$; b) $\frac{x}{r} = y$; $y^3 - 2y^2 + \frac{2}{3} = 0$; $y = z + \frac{2}{3}$; $z^3 - \frac{4}{3}z + \frac{2}{27} = 0$; $\varphi = 92°11'$ $(92°10'50{,}''5)$; $1{,}1259$; $-1{,}1816$; $0{,}0559$; $x = 1{,}7926\,r$; $0{,}1226\,r$ $(1{,}7925\,r$; $0{,}122353\,r)$. Bem. Für den größten Kegel ist $x = \frac{4}{3}r$ und $V = \frac{8}{27}$ des Kugelinhalts, also weniger als $\frac{1}{3}$. **(23)** $\frac{x}{r} = y$; $y^3 - 4y + \frac{16}{15} = 0$; $\varphi = 110°16'$ $(110°16'3{,}''5)$; $x = 1{,}85\,r$; $[-2{,}122\,r]$; $0{,}2714\,r$ $(1{,}8503\,r$; $0{,}271675\,r)$. **(24)** $\frac{x}{r} = y$; $y^3 - 3y^2 + 3y - \frac{1}{4} = 0$; $y = z + 1$; $z^3 + \frac{3}{4} = 0$; $-0{,}9086$ $(-0{,}90856)$; $x = 0{,}0914\,r$ $(0{,}09144\,r)$. **(25)** $\frac{x}{r} = y$; $y^3 - 3y^2 + 6y - 2 = 0$; $y = z + 1$; $z^3 + 3z + 2 = 0$; $-0{,}5966$ $(-0{,}59608)$; $x = 0{,}4034\,r$ $(0{,}40392\,r)$. **(26)** $\frac{x}{h} = y$; $y^3 - 2y^2 + y - \frac{1}{12} = 0$; $y = z + \frac{2}{3}$; $z^3 - \frac{1}{3}z - \frac{1}{108} = 0$; $\varphi = 82°49'$ $(82°49'9{,}''5)$; $0{,}5908$; $-0{,}5629$; $-0{,}0279$; $x = 0{,}1038\,h$, $0{,}0388\,h$ $(0{,}103744\,h$; $0{,}038824\,h)$. **(27)** $x^3 + 6x^2 = 4000$; $x = y - 2$; $y^3 - 12y - 3984 = 0$; die Quadratwurzel der D. F. $= 1991{,}98394$; $16{,}1023$ $(16{,}1053)$; $x = 14{,}1023$ $(14{,}1053)$ cm. **(28)** $x^3 + 9x^2 - 216 = 0$; $x = y - 3$; $y^3 - 27y - 162 = 0$; $7{,}066$ $(7{,}0658)$; $x = 4{,}066$ $(4{,}0658)$ cm.

III. Arithmetische und geometrische Reihen, Zinseszins-, Renten- und Versicherungsrechnung.

§ 1. Arithmetische Reihen.

(3) 1 4 7 10 13 16 19 22 25 28

15 20 25 30 35 40 45 50 55 60

13 9 5 1 −3 −7 −11 −15 −19 −23

a) α) 4 10 16 22 28 34 40 46 52 58

β) 15 $12\frac{1}{2}$ 10 $7\frac{1}{2}$ 5 $2\frac{1}{2}$ 0 $-2\frac{1}{2}$ −5 $-7\frac{1}{2}$

γ) −2 6 14 22 30 38 46 54 62 70

δ) $2\frac{3}{4}$ $1\frac{1}{2}$ $\frac{1}{4}$ −1 $-2\frac{1}{4}$ $-3\frac{1}{2}$ $-4\frac{3}{4}$ −6 $-7\frac{1}{4}$ $-8\frac{1}{2}$

b) α) 12 17 22 27 32 37 42 47 52 57

β) 12 5 −2 −9 −16 −23 −30 −37 −44 −51

γ) 12 9,6 7,2 4,8 2,4 0 −2,4 −4,8 −7,2 −9,6

δ) 12 $6\frac{1}{3}$ $\frac{2}{3}$ −5 $-10\frac{2}{3}$ $-16\frac{1}{3}$ −22 $-27\frac{2}{3}$ $-33\frac{1}{3}$ −39

(5) 58; 110; −63; a) 118; $-32\frac{1}{2}$; 150; −21; b) 107; −121; −33,6; $-95\frac{2}{3}$. (8) 465. (9) 55; 784. (10) 187. (11) a) 156. b) 300, falls sie auf 4/4 schlägt, 396. (12) 53,9; 176,4 m. (13) 127,4 m; 12 s. (14) Die Endpunkte liegen auf einer Geraden. (15) a) $a+2d=5$; $a+6d=6$; $d=\frac{1}{4}$; $a=4\frac{1}{2}$; $t_{10}=6,75$. b) $a+d=7$; $a+9d=-4$; $d=-1\frac{3}{8}$; $a=8\frac{3}{8}$; $t_5=2,875$. c) $a+4d=0$; $a=-2,4$; $t_8=1,8$ (17) $n=\frac{t-a}{d}+1=15$; $s=-19$. (18) a) 50^2 und 51^2. b) 499^2 und 500^2. (19) $a=t-(n-1)d=3400$ M. (20) a) $\frac{c}{8}\left(\frac{c}{m+1}\right)$; $\frac{\Delta}{32}\left(\frac{2\Delta}{(m+1)^2}\right)$. b) (einschl. c) $4\frac{1}{2}c\left(\frac{1}{2}(m+2)c\right)$; $\Delta=\frac{1}{2}ch$. (21) $d=(t-a):(n-1)=1\frac{1}{2}$. (22) Annähernd gleichmäßige Zunahme, die noch gleichmäßiger erscheinen würde, wenn die Zahlen nicht abgerundet wären. Bei der Interpolation nimmt man völlig gleichmäßige Zunahme an oder ersetzt das betreffende Kurvenstück von log x durch eine Strecke. (23) a) 0,0002; b) 0,00023 | 0,2625; 0,26273 (0,2627); 0,26296 (0,2630); 0,26319 (0,2632); 0,26342 (0,2634); 0,26365

(0,26372); 0,26388 (0,2639); 0,26411 (0,2641); 0,26434 (0,2643); 0,26457 (0,2646); 0,2648. (24) $d' = d:(p+1) = d:8$; $n' = n + (n-1)p = 281$; $s' = \frac{1}{2}n'(a+t) = 23885$. (25) $n = \frac{t-a}{d} + 1 = 91$; 326; 1391; 2995 m; 10750 m; 45895 m. (26) $n = \frac{2s}{a+t} = 25$; also 23 Zahlen; $d = \frac{t-a}{n-1} = 3$. (27) 16 Teilstrecken, also 15 Parallelen. $d = 1,2$ cm; also in den Abständen 2; 3,2; 4,4; 5,6; 6,8 … cm. (28) $d = \frac{2(s-an)}{n(n-1)} = 48$ M; 516 M. (29) $t = \frac{2s}{n} - a = 27,5$ km; 0,25 km. (30) 500 M; 2000 M. (31) $a = \frac{s}{n} - \frac{(n-1)d}{2} = 16$; $t = 44$. (32) 10 M. (33) 142°; 170°. (34) $n = -2\frac{1}{2} + \sqrt{6\frac{1}{4} + 500} = 20^s$. (35) Rechnet man die drei untersten Stufen nicht mit, so stehen für die n übrigen 7020 M zur Verfügung; $n = -\frac{23}{6} + \sqrt{\frac{529}{36} + 936} = 27$, mithin 30 Stufen; 455 M. (36) $n = \frac{103}{6} - \sqrt{\left(\frac{103}{6}\right)^2 - \frac{720}{3}} = 11$ Jahre, 200 M. (37) 10^s. (37a) $\frac{b}{2}$; $\frac{b}{2}\cdot 3$; $\frac{b}{2}\cdot 5$ …; $d = b$ | $c \pm \frac{b}{2}$; $c \pm \frac{b}{2}\cdot 3$; $c \pm \frac{b}{2}\cdot 5$ …; $d = \pm b$.

---

(50) $a = 2$. (51) $a + 11d = a + 3d - 120$; $d = -15$; $a = 120$ (vgl. A 31). (52) $a + 4d = 25\frac{2}{3}$; $a + 8d = 40\frac{2}{3}$; $d = 3\frac{3}{4}$; $a = 10\frac{2}{3}$; $s = 375\frac{1}{2}$. (53) $2a + 7d = 35,5$; $2a + 15d = 47,5$; $d = 1,5$; $a = 12,5$. (54) $2a + 12d = 46$; $5\frac{1}{2}(2a + 10d) = 225\frac{1}{2}$; $d = 2\frac{1}{2}$; $a = 8$. (55) $a + 14d = 3(a + 2d)$; $a + 12d = a + 4d + 32$; $d = 4$; $a = 16$. (56) $4,5 + 9d_1 = 4,5 + 9d_2 - 13,5$; $5(9 + 9d_1) : 5(9 + 9d_2) = 1:2$; $d_1 = 0,5$; $d_2 = 2$. (57) $a_1 = a_2 - 28$; $a_1 + 7d_1 = a_2 + 7d_2$; $d_1 - d_2 = 4$; $s_1 - s_2 = 0$. Durch Subtraktion erhält man die Reihe $a_1 - a_2$; $a_1 - a_2 + (d_1 - d_2)$; $a_1 - a_2 + 2(d_1 - d_2)$; … (58) $\frac{n}{2}(2a + (n-1)d) = 154a = 15,4(a + (n-1)d)$ oder $= ma = \frac{m}{p}(a + (n-1)d)$; $n = 28$ oder $\frac{2m}{p+1}$; $a = 3d$ oder $= \frac{2m-p-1}{p^2-1}d$. (59) $15(2a + 29\cdot 2d) : 15(2a + 2d + 29\cdot 2d) = 89:92$; $2a + 59d = 181$; $a = 2$; $d = 3$. (60) a) $s = 3\frac{1}{2}(48 - 6) = 147$ km; $s = 3(40 + 5d)$; $d = 1,8$ km; b) $154 = 3(40 + 5d)$; $d = 2\frac{4}{15}$ km. (61) $\frac{1}{2}n(64 - (n-1)2\frac{1}{2}) + \frac{1}{2}n(36 + (n-1)2) = 245$; $n = 5$; $s = 135$ km. (62) $a^2 + 35a = 884$; $a = 17$; -52; $t = 52$; -17; $s = 517\frac{1}{2}$; $-517\frac{1}{2}$. (63) $(a+d)(a+8d) = -1188$; $(a+3d)(a+6d) = 252$; $d_1 = 12$; $a_1 = -30$; -78; $d_2 = -12$; $a_2 = 78$; 30. (64) $2a + 5d = 30$; $\sqrt{a+d} +$

$\sqrt{a+5d}=8$; $d=4$; $a=5$. (65) $(a+d)^2+(a+9d)^2=306$; $2a+11d=-3$; $d=3\frac{6}{65}$; -3; $a=-15\frac{33}{65}$; 18. (66) $(a+2d)+(a+6d)=18$; $(a+2d)^3+(a+6d)^3=1944$ oder $x+y=18$; $x^3+y^3=1944$; $xy=72$; $x=12;\ 6$; $y=6;\ 12$; $d=-1\frac{1}{2};\ 1\frac{1}{2}$; $a=15;\ 3$.

(67) 1; 3; 6; 10; 15; 21; 28; 36 … $s_n=\frac{1}{2}n(n+1)$.
(68) 1; 4; 9; 16; 25; 36; 49; 64 … $s_n=n^2$.
(69) a) 2; 6; 12; 20; 30; 42; 56; 72 … $s_n=n(n+1)$.
b) 0; 2; 6; 12; 20; 30; 42; 56 … $s_n=n(n-1)$.
(70) 1; 6; 15; 28; 45; 66; 91; 120 … $s_n=n(2n-1)$.

§ 2. Geometrische Reihen.

(3) Fortsetzung der Reihen von A. 1: 8; 16; 32; | -135; -405; -1215; | $\frac{1}{4}$; $\frac{1}{8}$; $\frac{1}{16}$; | $-\frac{1}{4}$; $-\frac{1}{16}$; $-\frac{1}{64}$; | -81; 243; -729; | $\frac{24}{25}$; $-\frac{48}{125}$; $\frac{96}{625}$. a) α) 1; 4; 16; 64; 256; 1024; β) 15; 5; $1\frac{2}{3}$; $\frac{5}{9}$; $\frac{5}{27}$; $\frac{5}{81}$; γ) -1; -2; -4; -8; -16; -32; δ) -625; 375; -225; 135; -81; $48\frac{3}{5}$; b) α) 2; 6; 18; 54; 162; 486; β) 2; -6; 18; -54; 162; -486; γ) 2; 3; $4\frac{1}{2}$; $6\frac{3}{4}$; $10\frac{1}{8}$; $15\frac{3}{16}$; δ) 2; -3; $4\frac{1}{2}$; $-6\frac{3}{4}$; $10\frac{1}{8}$; $-15\frac{3}{16}$.

(5) Reihen von A. 1: 256; -32805; $\frac{1}{128}$; $-\frac{1}{4096}$; 19683; $-\frac{768}{78125}$; Reihen von A. 3: a) 65536; $\frac{5}{2187}$; -256; $-10\frac{311}{625}$; b) 13122; 13122; $51\frac{33}{128}$; $51\frac{33}{128}$. (8) 1000000000. (9) $s=a\cdot\frac{q^n-1}{q-1}\approx 1\cdot 2^{64}$ = (mit 4stell. Log.) 18365 mit 15 Nullen; (mit 5stell. Log.) 18447 mit 15 Nullen; (mit abgekürzter Multiplikation) 18453 mit 15 Nullen. Gewicht = 918250; 922350; 922650 Millionen Tonnen. (10) a) -2048; -1638; b) 8192; 6554.

(11) -4; $277\frac{7}{8}$. (12) Die Miete hätte 32800 M betragen; 0,73 M.

(13) $q=\frac{2}{3}$; $a=\frac{s(q-1)}{q^n-1}=729$ M; $t=96$ M. (14) a) $a=t:q^{n-1}=1$; $s=3280$; b) 13; 2223. (15) $n=6$; $q=\sqrt[n-1]{\frac{t}{a}}=5$; | 15; 75;

375; 1875; 9375; 46875. (16) $q = 3$; | $\frac{1}{18}$; $\frac{1}{6}$; $\frac{1}{2}$; $1\frac{1}{2}$; $4\frac{1}{2}$; $13\frac{1}{2}$; $40\frac{1}{2}$; $121\frac{1}{2}$; $364\frac{1}{2}$; $1093\frac{1}{2}$ | $s_2 - s_1 = 1640\frac{2}{9} - 1135\frac{5}{9} = 504\frac{2}{3}$. (17) $q = \sqrt[12]{2} = 1,0595$; große Terz rein 160, temperiert 161,3 (161,27); Quart rein 170,67; temp. 170,8 (170,86); Quint rein 192, temp. 191,8 (191,78). (18) a) $q = \frac{3000}{4400} = \frac{25}{37}$; $n = 5$; 158,3 (158,4) mm; b) $n = \frac{\log t - \log a}{\log q} + 1 = 12,04$, also nach 12 Kolbenzügen. (19) n (wie in 18b) $= 12$; $s = 1023\frac{3}{4}$. (20) $n = \log\left(\frac{(q-1)s}{a} + 1\right) : \log q = 8$ Stunden. (21) n (wie vorher) $= 7$; $t = 14,93$. (22) a) $q = \frac{s-a}{s-t} = \frac{3}{2}$; n (wie in 18b) $= 6$. b) $-\frac{1}{2}$; 11. (23) $a = q \cdot t - (q-1)s = 4096$ M; n (wie in 18b) $= 6$. (24) a (wie vorher) $= -16$; n (wie vorher) $= 7$.

(25)	1	3	5	7	9	11	13	15
	1	2	4	8	16	32	64	128
(26)	1	$2\frac{1}{2}$	4	$5\frac{1}{2}$	7	$8\frac{1}{2}$	10	$11\frac{1}{2}$
	1	1,5	2,25	3,375	5,06	7,59	11,385	17,08.

---

(27) $aq + aq^2 = 324$; $aq^4 + aq^5 = 12$; $q = \frac{1}{3}$; | 729; 243; 81; 27; 9; 3.
(28) $aq^2 = aq + 9$; $aq^4 = aq + 42\frac{3}{4}$; $q = \frac{3}{2}$; $-\frac{5}{2}$; $a = 12$; $1\frac{1}{35}$; | 12; 18; 27; $40\frac{1}{2}$; $60\frac{3}{4}$ | $1\frac{1}{35}$; $-2\frac{4}{7}$; $6\frac{3}{7}$; $-16\frac{1}{14}$; $40\frac{5}{28}$.
(29) $a + aq + aq^2 + aq^3 = 480$; $aq^4 - a = 960$; $q = 3$; | 12; 36; 108; 324; 972. (30) $a + aq^3 = 23\frac{1}{3}$; $aq + aq^2 = 20$; I : II gibt $q^2 - \frac{13}{6}q + 1 = 0$. $q = \frac{3}{2}$; $\frac{2}{3}$; $a = \frac{16}{3}$; 18; | $5\frac{1}{3}$; 8; 12; 18 | 18; 12; 8; $5\frac{1}{3}$. (31) $a^2q^6 = 576$; $a^2q^9 = 4608$; $q = 2$; $a = \pm 3$; | ± 3; ± 6; ± 12; ± 24; ± 48; ± 96; ± 192 | $s = \pm 381$. (32) $a^3q^3 = 216$; $a^3 + a^3q^3 + a^3q^6 = 1009$; $a = \frac{6}{q}$; $216q^6 - 793q^3 + 216 = 0$; $q = \frac{3}{2}$; $\frac{2}{3}$; $a = 4$; 9. (33) Eine geom. Reihe mit dem Anfangsglied a^2 und dem Quotienten q^2; $a\frac{q^n - 1}{q - 1} = 80$; $a^2\frac{q^{2n} - 1}{q^2 - 1} = 3280$; II : I gibt $a\frac{q^n + 1}{q + 1} = 41$, und die Gleichsetzung von a aus dieser Gleichung und I liefert $n = 4$; $a = 2$.

---

(34) a) $1;\ 3;\ 7;\ 15;\ 31;\ 63 \ldots\ s_n = 2^n - 1$; b) $1;\ 4;\ 13;\ 40;\ 121;\ 364 \ldots;\ s_n = \frac{1}{2}(3^n - 1)$. Glieder und Teilsummen wachsen über jedes Maß hinaus. (35) Grenzwert der Glieder überall 0. a) $1;\ 1\frac{1}{2};\ 1\frac{3}{4};\ 1\frac{7}{8};\ 1\frac{15}{16} \ldots;\ s_n = 2 - \frac{1}{2^{n-1}} \xrightarrow[n=\infty]{} 2$; b) $1;\ 1\frac{1}{3};\ 1\frac{4}{9};\ 1\frac{13}{27};\ 1\frac{40}{81} \ldots;\ s_n = 1\frac{1}{2} - \frac{1}{2 \cdot 3^{n-1}} \xrightarrow[n=\infty]{} 1\frac{1}{2}$; c) $1;\ 1\frac{1}{4};\ 1\frac{5}{16};\ 1\frac{21}{64};\ 1\frac{85}{256} \ldots;\ s_n = 1\frac{1}{3} - \frac{1}{3 \cdot 4^{n-1}} \xrightarrow[n=\infty]{} 1\frac{1}{3}$; d) $1;\ 1\frac{1}{10};\ 1\frac{11}{100};\ 1\frac{111}{1000};\ 1\frac{1111}{10000} \ldots;\ s_n = 1\frac{1}{9} - \frac{1}{9 \cdot 10^{n-1}} \xrightarrow[n=\infty]{} 1\frac{1}{9}$.

(37) Grenzwert der Glieder 0; $1;\ \frac{1}{2};\ \frac{3}{4};\ \frac{5}{8};\ \frac{11}{16} \ldots;\ s_n = \frac{2}{3}\left(1 - \left(-\frac{1}{2}\right)^n\right) \xrightarrow[n=\infty]{} \frac{2}{3}$. Annäherung an den Grenzwert abwechselnd von oben und von unten. (39) a) $\frac{1}{3}$; b) $\frac{1}{9}$; c) $\frac{23}{99}$; d) $\frac{481}{999} = \frac{13}{27}$; e) $\frac{2736}{9999} = \frac{304}{1111}$; f) $\frac{428571}{999999} = \frac{3}{7}$. (40) a) $\frac{421}{990}$; b) $2\frac{39}{110}$; c) $8\frac{7}{12}$; d) $\frac{11}{18}$; e) $\frac{599}{550}$; f) $\frac{17}{24}$. (41) $s_1 = \frac{2p}{1 - \frac{1}{3}} = 3p$; $s_2 = \frac{\frac{1}{4}p^2\sqrt{3}}{1 - \frac{1}{9}} = \frac{9}{32}p^2\sqrt{3} = \frac{9}{8}J$. (42) $s_1 = \frac{r\pi}{1 - \frac{2}{3}} = 3r\pi$; $s_2 = \frac{\frac{1}{2}r^2\pi}{1 - \frac{4}{9}} = \frac{9}{10}r^2\pi$. (43) Inhalt des ersten eingezeichneten Quadrats $= a^2 - \frac{2na^2}{(n+1)^2} = a^2 \cdot \frac{n^2+1}{(n+1)^2}$; also $s = \frac{a^2}{1 - \frac{n^2+1}{(n+1)^2}} = \frac{(n+1)^2}{2n} \cdot a^2$; $s_1 = 2a^2$; $s_2 = 2\frac{1}{4}a^2$; $s_3 = 2\frac{2}{3}a^2$; $s_4 = 3\frac{1}{8}a^2$.

(44) a) $r;\ \frac{1}{2}r;\ \frac{1}{4}r \ldots;\ s = 2r$; b) $2r\pi;\ r\pi;\ \frac{1}{2}r\pi \ldots;\ s = 4r\pi$; c) $r^2\pi;\ \frac{1}{4}r^2\pi;\ \frac{1}{16}r^2\pi;\ \ldots;\ s = \frac{4}{3}r^2\pi$. (45) a) $\frac{1}{2}r\sqrt{3}$; $\frac{1}{2}r\sqrt{3} \cdot \frac{1}{2}\sqrt{3} = \frac{3}{4}r$; $\frac{3}{8}r\sqrt{3} \ldots;\ s = \frac{\frac{1}{2}r\sqrt{3}}{1 - \frac{1}{2}\sqrt{3}} = r(3 + 2\sqrt{3})$; b) $6r$; $6r \cdot \frac{1}{2}\sqrt{3} = 3r\sqrt{3}$; $\frac{9}{2}r \ldots;\ s = \frac{6r}{1 - \frac{1}{2}\sqrt{3}} = 12r(2 + \sqrt{3})$; c) $\frac{3}{2}r^2\sqrt{3}$; $\frac{3}{2}r^2\sqrt{3} \cdot \frac{3}{4} = \frac{9}{8}r^2\sqrt{3}$; $\frac{27}{32}r^2\sqrt{3} \ldots;\ s = \frac{\frac{3}{2}r^2\sqrt{3}}{1 - \frac{3}{4}} = 6r^2\sqrt{3}$.

(46) Reihe der Halbmesser (r) und Würfelkanten (a): r; $a = \frac{2}{3}r\sqrt{3}$; $r_1 = \frac{1}{3}r\sqrt{3}$; $a_1 = \frac{1}{3}r\sqrt{3} \cdot \frac{2}{3}\sqrt{3} = \frac{2}{3}r$; $r_2 = \frac{1}{3}r \ldots$; daher a) $s_r = \frac{r}{1 - \frac{1}{3}\sqrt{3}} = \frac{1}{2}r(3 + \sqrt{3})$; $s_o = 4r^2\pi : \left(1 - \frac{1}{3}\right) = 6r^2\pi$; $s_v = \frac{4}{3}r^3\pi\left(1 - \frac{1}{9}\sqrt{3}\right) = \frac{2}{13}r^3\pi(9 + \sqrt{3})$; b) $s_a = \frac{2}{3}r\sqrt{3} : \left(1 - \frac{1}{3}\sqrt{3}\right) = r(1 + \sqrt{3})$; $s_o = 8r^2 : \left(1 - \frac{1}{3}\right)$

$= 12r^2$; $S_v = \frac{8}{9} r^3 \sqrt{3} : \left(1 - \frac{1}{9}\sqrt{3}\right) = \frac{4}{13} r^3 \left(1 + 3\sqrt{3}\right)$.

(47) Daß Achilles in Wirklichkeit die Schildkröte erreicht, unterliegt keinem Zweifel; auch läßt sich, dies vorausgesetzt, die Zeit x, die er dazu gebraucht, leicht berechnen, wenn seine Marschgeschwindigkeit bekannt ist. Legt er z. B. die 164 m in 1 Minute zurück, so ist $164x = 164 + \frac{164x}{12}$ oder $x = 1\frac{1}{11}$ Min. Denselben Wert erhält man auch als Grenzwert für die Summe der geometrischen Reihe der Einzelzeiten $1 + \frac{1}{12} + \frac{1}{144} + \dots$. Wollte man diese Glieder tatsächlich der Reihe nach addieren, so würde man allerdings nicht zu Ende kommen, da man zu jeder neuen Addition eine endliche (und zwar sogar immer längere) Zeit gebrauchte. Die Zeit selbst aber (ebenso wie Achilles beim Gehen) schreitet unaufhaltsam, d. h. unaufgehalten durch Zwischenbetrachtungen fort, wie es denn auch klar ist, daß Achilles die Schildkröte nach 2 Minuten weit überholt hat. Ebenso gut könnte man übrigens behaupten, daß man z. B. keine Strecke von 2 m abmessen, oder daß kein Kind 2 Jahre alt werden kann, indem man die Annäherung an die 2 willkürlich durch $1 + \frac{1}{2} + \frac{1}{4} + \frac{1}{8} + \dots$ vorschreibt.

(48) $x + 4(y - x) = y + 72$; $x \cdot \left(\frac{y}{x}\right)^4 = x \cdot \left(\frac{y}{x}\right)^3 + 375$; I ergibt $y - x = 24$ und dies in II verwendet $\frac{y^3}{x^3} = \frac{125}{8}$; $x = 16$; $y = 40$.

(49) $\frac{a+d}{a} = \frac{a+2d+5}{a+d} = \frac{a+3d+20}{a+2d+5}$; $a = 5$; $d = 2$.

(50) $\frac{a+d-2}{a-3} = \frac{a+2d+3}{a+d-2} = \frac{a+3d+16}{a+2d+3}$; hieraus $d^2 + 2d = 4a - 13$; $d^2 + 4d = 6a - 21$; $a = 7$; $d = 3$ (die Werte $a = 3$, $d = -1$ sind nicht brauchbar). (51) $(a+d)(a+2d) = 6aq + 4$; $(a+2d)(a+3d) = 14aq + 4$; $q = d$; hieraus $d = \frac{3}{2}a$; $a = \pm 2$; $d = \pm 3$; $s_2 - s_1 = 728 - 57 = 671$ bzw. $= 364 - (-57) = 421$. (52) $12 + 6d = 12q^2 - 3$; $\frac{7}{2}(24 + 6d) = 12(1 + q + q^2) + 69$; II − I ergibt $5d = 4q + 4$; $q = \frac{3}{2}$; $-\frac{11}{10}$; $d = 2$; $-\frac{2}{25}$; | 12; 14; 16; 18; 20; 22; 24; (12, 18; 27) | oder | 12; $11\frac{23}{25}$; $11\frac{21}{25}$; $11\frac{19}{25}$; $11\frac{17}{25}$; $11\frac{15}{25}$; $11\frac{13}{25}$; (12; $-13\frac{1}{5}$; $14\frac{13}{25}$).

§ 3. Zinseszins- und Rentenrechnung.

Vorbemerkung: Für den Zinsfaktor sind sechs- (sieben-) stelligen Logarithmen benutzt worden. Nach erfolgter Multiplikation ist aber das Ergebnis für die weitere Rechnung zunächst grundsätzlich auf 4 (5) Dezimalstellen abgekürzt und im übrigen mit vier- (fünf-) stelligen Logarithmen gerechnet worden.

(2) a) 1480 (1480,20) M; b) 2191,50 (2191,10) M; c) 3244 (3243,40) M. (3) 9802 (9802,40) M. (4) a) 1344 (1343,90) M; b) 1411 (1410,60) M; c) 1480 (1480,20) M; d) 1553 (1553) M; e) 1629 (1628,90) M. (5) a) 1; 1,06; 1,12; 1,18; 1,24; 1,30; 1,36; 1,42; 1,48; 1,54; 1,60; 1,66; 1,72; 1,78; 1,84; 1,90; 1,96; 2,02; 2,08; 2,16; 2,20 M; b) 1; 1,06; 1,12; 1,19; 1,26; 1,34; 1,42; 1,50; 1,59; 1,69; 1,79; 1,90; 2,01; 2,13; 2,26; 2,40; 2,54; 2,69; 2,85; 3,03; 3,21 M. (6) Bei der Verwendung im eigenen Geschäft ergibt sich nach 3 Jahren 844,70 (844,80) M. (7) 72920 (72912) Tausend. (8) 67050 (67046) Tausend. (9) a) α) 1486 (1485,90) M; +6 (5,70) M. β) 1489 (1488,90) M; +9 (8,70) M; b) α) 2208 (2208) M; +17 (16,90) M; β) 2216,50 (2216,70) M; +25,50 (25,60) M; c) α) 3281 (3280) M; +37 (36,60) M; β) 3300 (3300,40) M; +56 (57) M. (10) $c = k : q^n = 12000$ (12002) M. (11) 17280 (17277) M. (12) 1322 (1322,70) M. (13) $\frac{6000}{q} + \frac{6000}{q^2} + \frac{6000}{q^3} = 5759 + 5527 + 5304 = 16590$ (5758,10 + 5526 + 5303,40 = 16587,50) M. (14) Die Barwerte sind 60000 M; 30000 + 29800 = 59800 (59794) M; 29760 + 27250 = 57010 (29761 + 27252,50 = 57013,50) M. (15) $\frac{x}{q^3} = \frac{5000}{q} + \frac{5000}{q^4} + \frac{4000}{q^7}$; $x = 5491 + 4771 + 3317 = 13579$ (5491,50 + 4771 + 3316 = 13578,50) M. (16) $\frac{3000}{q^2} + \frac{3000}{q^4} + \frac{x}{q^6} = 8400$; $x = 11260 - 3647 - 3308$

$= 4305$ ($11257 - 3646{,}50 - 3307{,}50 = 4303$) M. (17) $x = \frac{2400}{q^5+q^3+q} = 697{,}30$ ($697{,}10$) M. (18) $x = \frac{8000}{q^{40}} \cdot \frac{q^{20}-1}{q-1} = 43160$ (43149) M. (19) $x = \frac{1250}{q-1} =$ a) 31250; b) 22778 M (ohne Log.). (20) $x = \frac{4200}{q^{20}-1} = 2974$ ($2975{,}10$) M. (21) $x = \frac{1000}{q^6(q-1)} = 14920$ (14924) M. (22) a) $x = \frac{13200}{q^{10}-1} = 25940$ (25933) M; b) $x = \frac{13200\,q^5}{q^{10}-1} = 31860$ (31856) M. (23) $x = \frac{960\,q^2}{q^5-1} = 4262$ (4258) M. (24) $q = \sqrt[n]{\frac{k}{c}} = 1{,}055$; $5\frac{1}{2}$ %. (25) 8,45 %; (26) a) 5,9 (5,92) %; b) $600 = \frac{400}{q^3} + \frac{400}{q^6}$; 6,7 (6,71) %. (27) 4,5 %; 5,4 %; 5 (5,01) %. (28) $\log q = 0{,}01505$ ($0{,}015055$); 62090 (62101). (29) $n = \frac{\log k - \log c}{\log q} = 8$ J. (30) $k = 15000$ M; $n = 16{,}03$; also nach 17 Jahren. (31) a) 141,6 J.; b) 139,9 J. (32) $k = 2c$; $n = \log 2 - \log q =$ a) 17,7; b) 15,7; c) 14,2; d) 11,9 Jahre. (33) Kapital am 31. 12. 10: 516,04 M, am 31. 12. 14: 592,10 (592,16) M. Die noch fehlenden 7,90 (7,84) M laufen auf in 137 (136) Tagen, also am 17. (16.) Mai 1915. (34) $q^{n-6}(1+q^3+q^6) = \frac{2018}{500}$; 10 Jahre. (35) $x = \frac{\log 2 - \log 3}{\log q_1 - \log q_2} = 84{,}5$ J. (36) $x = \frac{\log 4 - \log 3}{\log 1{,}023 - \log 1{,}018} = 58{,}7$ J. (37) entsprechend; 8,5 J.

---

(39) $2955 + 4770 = 7725$ ($2954{,}90 + 4774 = 7728{,}90$) M. (40) $k = 4000\,q^{10} + 300 \cdot \frac{q^{10}-1}{q-1} + 100 \cdot \frac{q^6-1}{q-1} = 6833 + 3861 + 689 = 11383$ ($6832{,}40 + 3862{,}40 + 688{,}90 = 11383{,}70$) M. (41) $k_1 = 2400\,q_1^4 + 360 \cdot \frac{q_1^4-1}{q_1-1}$; $k_2 = k_1 q_2^3 + 360 \cdot \frac{q_2^3-1}{q_2-1}$; $k_1 = 2917 + 1548 = 4465$ ($2917{,}20 + 1551{,}60 = 4468{,}80$) M. $k_2 = 5095 + 1128 = 6223$ ($5099{,}75 + 1129{,}60 = 6229{,}35$) M. (42) $x = 1200 \cdot \frac{q^5-1}{q-1} = 6510$ (6501) M. (43) a) $64310 - 40800 = 23510$ ($64325 - 40812 = 23513$) M; b) $64310 - 42850 = 21460$ ($64325 - 42853 = 21472$) M. Mittel $= 22485$ ($22492{,}50$) M.

(44) 4149 (4150,20) M. (45) $\left(x \cdot q_1^8 + 400 \cdot \frac{q_1^8 - 1}{q_1 - 1}\right) q_2^4 + 400 \cdot \frac{q_2^4 - 1}{q_2 - 1} = 7786$; $x = (7786 - 5937) : q_1^8 q_2^4 = 1201$ M ($(7786 - 5933{,}60) : q_1^8 q_2^4 = 1202{,}50$ M). (46) $5000\, q^6 + x \cdot \frac{q^6 - 1}{q - 1} = 10000$; $x = (10000 - 6327) \cdot \frac{q - 1}{q^6 - 1} = 554{,}10$ (553,85) M. (47) entsprechend; $20000\, q^{10} = 35810$ (35817) M; a) 1958 (1958,80) M; b) 1847 (1847,90) M. (48) $12500\, q^8 - x \cdot \frac{q^8 - 1}{q - 1} = 0$; $x = 2012$ (2012,80) M; a) mit 4-, b) mit 5-stelligen Logarithmen, alle Summen in Mark.

J.	a) Schuld	Zinsen	Tilgung	b) Schuld	Zinsen	Tilgung
1)	12500,00	750,00	1262,00	12500,00	750,00	1262,80
2)	11238,00	674,28	1337,72	11237,20	674,23	1338,57
3)	9900,28	594,02	1417,98	9898,63	593,92	1418,88
4)	8482,30	508,94	1503,06	8479,75	508,79	1504,01
5)	6979,24	418,75	1593,25	6975,74	418,54	1594,26
6)	5385,99	323,16	1688,84	5381,48	322,89	1689,91
7)	3697,15	221,83	1790,17	3691,57	221,49	1791,31
8	1906,98	114,42	1897,58 + 9,40	1900,26	114,02	1898,78 + 1,48

(49) Annuität 7530 (7532,30). Der folgenden Tabelle ist eine Annuität von 7530 zu Grunde gelegt. Es bedeutet a) die Schuldsumme, b) die Jahreszinsen, c) die zur Tilgung verwendbare Summe, die in d) auf volle 500 M nach unten oder oben abgerundet ist, e) den Jahresbedarf, alles in Mark.

J.	a	b	c	d	e	J.	a	b	c	d	e
1	90000	4950	2580	2500	7450	14	43500	2392,5	5137,5	5000	7392,5
2	87500	4812,5	2717,5	2500	7312,5	15	38500	2117,5	5412,5	5500	7617,5
3	85000	4675	2855	3000	7675	16	33000	1815	5715	5500	7315
4	82000	4510	3020	3000	7510	17	27500	1512,5	6017,5	6000	7512,5
5	79000	4345	3185	3000	7345	18	21500	1182,5	6347,5	6500	7682,5
6	76000	4180	3350	3500	7680	19	15000	825	6705	6500	7325
7	72500	3987,5	3542,5	3500	7487,5	20	8500	467,5	7062,5	8500	8967,5
8	69000	3795	3735	3500	7295	oder, um das letzte Jahr zu entlasten					
9	65500	3602,5	3927,5	4000	7602,5	16	33000	1815	5715	6000	7815
10	61500	3382,5	4147,5	4000	7382,5	17	27000	1485	6045	6000	7485
11	57500	3162,5	4367,5	4500	7662,5	18	21000	1155	6375	6500	7655
12	53000	2915	4615	4500	7415	19	14500	797,5	67325	7000	7797,5
13	48500	2667,5	4862,5	5000	7667,5	20	7500	412,5	7117,5	7500	7912,5

(50) $1200000\, q^{30} = x \cdot \frac{q^{30}-1}{q-1}$; Annuität <u>87200</u> (87170) M

J.	a	b	c	d	e	J.	a	b	c	d	e
1	1200000	72000	15200	15000	87000	16	847000	50820	36380	36000	86820
2	1185000	71100	16100	16000	87100	17	811000	48660	38540	39000	87660
3	1169000	70140	17060	17000	87140	18	772000	46320	40880	41000	87320
4	1152000	69120	18080	18000	87120	19	731000	43860	43340	43000	86860
5	1134000	68040	19160	19000	87040	20	688000	41280	45920	46000	87280
6	1115000	66900	20300	20000	86900	21	642000	38520	48680	49000	87520
7	1095000	65700	21500	22000	87700	22	593000	35580	51620	52000	87580
8	1073000	64380	22820	23000	87380	23	541000	32460	54740	55000	87460
9	1050000	63000	24200	24000	87000	24	486000	29160	58040	58000	87160
10	1026000	61560	25640	26000	87560	25	428000	25680	61520	62000	87680
11	1000000	60000	27200	27000	87000	26	366000	21960	65240	65000	86960
12	973000	58380	28820	29000	87380	27	301000	18060	69140	69000	87060
13	944000	56640	30560	31000	87640	28	232000	13920	73280	73000	86920
14	913000	54780	32420	32000	86780	29	159000	9540	77660	78000	87540
15	881000	52860	34340	34000	86860	30	81000	4860	82340	81000	85860

(51) $300 \cdot \frac{q^x-1}{q-1} = 5000$; $x = 12,7$, also nach 13 Jahren. Nach 12 Jahren sind 4640 (4639,40) M vorhanden, und die Zinsen im nächsten Jahr betragen 208,80 (208,77) M; mithin sind am Ende dieses Jahres noch 151,20 (151,83) M zuzulegen.

(52) $300q \cdot \frac{q^x-1}{q-1} = 5300$; nach 12,9 Jahren; nach 12 J. sind 5149 (5148,80) M vorhanden; der noch fehlende Rest ergibt sich durch die Zinsen in 7 Monaten 25 Tagen (7 M. 26 T.).

(53) $25000 q^{12} = x \cdot \frac{q^{12}-1}{q-1}$; 2664 M. (54) $20000 q^{24} = x \cdot \frac{q^{12}-1}{q-1}$; 4228 (4228,50) M. (55) $2400 \cdot \frac{q^{10}-1}{q^{10}(q-1)} = xq \cdot \frac{q^{12}-1}{q^{12}(q-1)}$; 1993 (1994,30) M. (56) $xq^{10} = 3800q \cdot \frac{q^{10}-1}{q-1}$; 31430 (31423) M. (57) $xq^{20} = 1900 \cdot \frac{q^{20}-1}{q-1}$; 30360 (30381) M. (58) $xq^{24} - 2000q \cdot \frac{q^{4}-1}{q-1} = 3000$; 3730 (3736,70) M. (59) $xq^{14} = 2400 \cdot \frac{q^{10}-1}{q-1}$; 15930 (15926) M. (60) $xq^{8} = 2400q \cdot \frac{q^{8}-1}{q-1}$; 48000 − 16820 (16806)

= 31180 (31194) M. (61) $27130\, q^x = 3600 \cdot \frac{q^x - 1}{q - 1}$; 10 Jahre. (62) $18600\, q^x = 2500\, q \cdot \frac{q^x - 1}{q - 1}$ = 8,9 Jahre. Nach 8 Jahren sind noch 2220 (2223) M vorhanden. (63) $50000\, q^x = 4000 \cdot \frac{q^x - 1}{q - 1}$; 20,9 Jahre; nach 20 Jahren beträgt die Schuld noch 500 (430) M. (64) $x q^8 = 3200 \cdot \frac{q^8 - 1}{q - 1}$; $x = 20660$ (20680) M; 7,97 (7,995) Jahre; nach 7 Jahren fehlen noch 960 (980) M, die durch die Zinsen in 11 Monaten 21 (28) Tagen aufgebracht werden. (65) $\left(25000\, q^7 - 3000 \cdot \frac{q^7 - 1}{q - 1}\right) q^x = 25000$; 17,3 J; also nach 18 Jahren.

---

§ 4. Leibrenten- und Lebensversicherungsrechnung.

Vorbemerkung: Vor der Ausrechnung mit vier- (fünf-) stelligen Logarithmen sind die betreffenden Zahlen der Sterbetafel grundsätzlich auf 4 (5) geltende Ziffern abgerundet worden.

(1) $P = \frac{v_{60} \cdot 20000}{v_{30}}$ = 4454 (4454,70) M. (2) $P_1 = \frac{P \cdot q^{30}}{q_1^{30}}$; a) = 3855 (3855,10) M; b) 3338 (3338,40) M. (3) $P = \frac{8000 (v_{60} + v_{65} + v_{70})}{v_{32}}$ = 4094 (4095,50) M. (4) $r = \frac{v_{32} \cdot 3000}{v_{60} + v_{65} + v_{70}}$ = 5863 (5860) M. (5) $r = \frac{v_{60} \cdot 28000}{\Sigma v_{60}}$ = 2734 (2734,10) M. (6) $r = \frac{v_{60} \cdot 28000}{\Sigma v_{61}}$ = 3031 (3029,90) M. (7) a) $r = \frac{v_{50} \cdot 10000}{\Sigma v_{50}}$ = 738,60 (738,32) M; b) $r = \frac{v_{50} \cdot 10000}{\Sigma v_{60}}$ = 1762 (1761,90) M. (8) $P = \frac{2000 (\Sigma v_{50} - \Sigma v_{60})}{v_{50}}$ = 15740 (15739) M. (9) $r = \frac{v_{35} \cdot 12000}{\Sigma v_{65}}$ = 7433 (7434,30) M.

(10) $r = \dfrac{v_{65} \cdot 12000}{\Sigma v_{65} - \Sigma v_{75}} = 9470\ (9469{,}80)\ \mathcal{M}.$

(11) $p = \dfrac{v_{65} \cdot 24000}{\Sigma v_{28} - \Sigma v_{38}} = 3467{,}50\ (3467{,}80)\ \mathcal{M}.$ (12) a) $P = \dfrac{v_{50} \cdot 1000}{v_{32}}$
$= 436{,}30\ (436{,}34)\ \mathcal{M}$; b) $p = \dfrac{v_{50} \cdot 1000}{\Sigma v_{32} - \Sigma v_{35}} = 151{,}50\ (151{,}55)\ \mathcal{M}$;
c) $p = \dfrac{v_{50} \cdot 1000}{\Sigma v_{32} - \Sigma v_{50}} = 34{,}32\ (34{,}32)\ \mathcal{M}.$ (13) $p = \dfrac{8000\,(v_{60} + v_{65} + v_{70})}{\Sigma v_{32} - \Sigma v_{36}}$
$= 1088{,}50\ (1088{,}90)\ \mathcal{M}.$ (14) a) $r = \dfrac{v_{38} \cdot 3000}{v_{55} + v_{60} + v_{65}} = 3144\ (3143{,}70)$
$\mathcal{M}$; b) $r = \dfrac{1000\,(\Sigma v_{38} - \Sigma v_{41})}{v_{55} + v_{60} + v_{65}} = 3009\ (3009)\ \mathcal{M}.$ (15) a) $p = \dfrac{5000\,\Sigma v_{65}}{\Sigma v_{35} - \Sigma v_{45}}$
$= 926{,}40\ (926{,}40)\ \mathcal{M}$; b) $p = \dfrac{5000\,\Sigma v_{65}}{\Sigma v_{35} - \Sigma v_{65}} = 496{,}90\ (496{,}91)\ \mathcal{M}.$

(16) a) $p = \dfrac{5000\,(\Sigma v_{65} - \Sigma v_{25})}{\Sigma v_{35} - \Sigma v_{45}} = 766{,}50\ (766{,}53)\ \mathcal{M}$;

b) $p = \dfrac{5000\,(\Sigma v_{65} - \Sigma v_{25})}{\Sigma v_{35} - \Sigma v_{65}} = 390{,}10\ (390{,}10)\ \mathcal{M}.$ (17) $r = \dfrac{400\,(\Sigma v_{35} - \Sigma v_{55})}{\Sigma v_{55}}$
$= 1703\ (1703{,}30)\ \mathcal{M}.$ (18) $P = \dfrac{12000\,\Sigma m_{25}}{v_{25}}$; $3790 + 568{,}50 = 4358{,}50$
$(3790{,}10 + 568{,}51 = 4358{,}61)\ \mathcal{M}.$ (19) $P = \dfrac{12000\,\Sigma m_{35}}{v_{25}}$; 3154
$+ 473{,}10 = 3627{,}10\ (3153{,}90 + 473{,}08 = 3626{,}98)\ \mathcal{M}.$

(20) $P = \dfrac{12000\,(\Sigma m_{25} - \Sigma m_{55})}{v_{25}}$; $2008 + 301{,}20 = 2309{,}20\ (2007{,}90$
$+ 301{,}18 = 2309{,}08)\ \mathcal{M}.$ (21) $S = \dfrac{300\,(\Sigma v_{35} - \Sigma v_{45})}{\Sigma m_{35}} = 6260\ (6259{,}30)\ \mathcal{M}.$

(22) $p = \dfrac{30000\,\Sigma m_{28}}{\Sigma v_{28}}$; $517{,}50 + 103{,}50 = 621\ (517{,}39 + 103{,}48 = 620{,}87)$
$\mathcal{M}.$ (23) a) $P = \dfrac{10000\,\Sigma m_{30}}{v_{30}} = 3535\ (3535{,}75)\ \mathcal{M}$; b) $P =$
$\dfrac{10000\,(\Sigma m_{30} - \Sigma m_{60} + v_{60})}{v_{30}} = 4306\ (4307{,}20)\ \mathcal{M}.$ (24) $p =$
$\dfrac{20000\,(\Sigma m_{40} - \Sigma m_{65} + v_{65})}{\Sigma v_{40} - \Sigma v_{60}} = 783{,}20\ (783{,}47)\ \mathcal{M}.$

(25) $p = \dfrac{20000\,(\Sigma m_{45} - \Sigma m_{65} + v_{65})}{\Sigma v_{40} - \Sigma v_{60}} = 700{,}70\ (700{,}89)\ \mathcal{M}.$

(26) $p = \frac{20000(\Sigma m_{40} - \Sigma m_{65} + v_{65})}{2 \cdot \Sigma v_{40} - \Sigma v_{45} - \Sigma v_{60}} = 579,70\ (579,80)$ M; in den ersten 5 Jahren 1159,40 (1159,60) M.

(27) $p = [500(m_{35} + m_{36} + m_{37}) + 750(m_{38} + m_{39} + m_{40}) + 1000\,\Sigma m_{41}] : \Sigma v_{35} = 21,15\ (21,15)$ M. (28) $p\,\Sigma v_{25} = (m_{25} \cdot 150 + m_{26} \cdot 200 + m_{27} \cdot 250 + 300\,\Sigma m_{28}) + (m_{30} \cdot \frac{5p}{10} + m_{31} \cdot \frac{6p}{10} + m_{32} \cdot \frac{7p}{10} + m_{33} \cdot \frac{8p}{10} + m_{34} \cdot \frac{9p}{10}) + (m_{35} \cdot 10p \cdot \frac{15}{100} + m_{36} \cdot 11p \cdot \frac{15}{100} + m_{37} \cdot 12p \cdot \frac{15}{100} + \cdots)$ oder $540782\,p = 248754,2 + 486,5457\,p + 34461,3510\,p$; $p = 4,92$ M (ohne Log.). (29) a) $p = \frac{8000\,\Sigma m_{40}}{\Sigma v_{40}} = 214,05\ (214,10)$ M netto, also 27,07 (27,04) %; b) $Res_1 = \frac{\Sigma m_{41} \cdot S - \Sigma v_{41} \cdot p}{v_{41}} = 136,30\ (136,23)$ M; $Res_{10} = \frac{\Sigma m_{50} \cdot S - \Sigma v_{50} \cdot p}{v_{50}} = 1436\ (1436,40)$ M.

(30) $p = \frac{25000(\Sigma m_{42} - \Sigma m_{60} + v_{60})}{\Sigma v_{42} - \Sigma v_{60}} = 1218\ (1218,30)$ M; dazu 243,60 (243,66) M, also brutto 1461,60 (1461,96) M;

$Res_5 = \frac{(\Sigma m_{47} - \Sigma m_{60} + v_{60})25000 - (\Sigma v_{47} - \Sigma v_{60})p}{v_{47}} = 5174\ (5175,75)$ M.

(31) $p = \frac{5000(\Sigma m_{28} - \Sigma m_{60} + v_{60})}{\Sigma v_{28} - \Sigma v_{40}} = 211,85\ (211,80)$ M;

$Res_{12} = \frac{5000(\Sigma m_{40} - \Sigma m_{60} + v_{60})}{v_{40}} = 2799\ (2799,80)$ M.

(32) $p = \frac{25000(\Sigma m_{32} - \Sigma m_{58} + v_{58})}{\Sigma v_{32} - \Sigma v_{40}} = 1702\ (1702,50)$ M;

$Res_3 = \frac{(\Sigma m_{35} - \Sigma m_{58} + v_{58})25000 - (\Sigma v_{35} - \Sigma v_{40})p}{v_{35}} = 4972,50\ (4969)$ M.

IV. Kombinatorik, Wahrscheinlichkeitsrechnung, Binomischer Lehrsatz für ganze positive Exponenten.

§1. Permutationen, Kombinationen, Variationen.

① 2. ② 3 zu 2, also 6. ③ 4 zu 3·2, also 4.3.2 = 24; 5 zu 4.3.2, also 5.4.3.2 = 120; n zu (n−1)(n−2)…2, also n!.
④ 4! = 24. ⑤ 5!−4! = 96. ⑥ 8! = 40320. ⑦ 7! = 5040.
⑧

a)	b)			
abc	abcd	bacd	cabd	dabc
acb	abdc	badc	cadb	dacb
bac	acbd	bcad	cbad	dbac
bca	acdb	bcda	cbda	dbca
cab	adbc	bdac	cdab	dcab
cba	adcb	bdca	cdba	dcba

⑨ entsprechend. ⑩ a) 2 1 4 3 5; b) 3 5 1 6 4 2. ⑪ a) befcad; b) bcgeadf. ⑫ a) die 5te; b) die 18te; c) die 56te; d) die 52te; e) die 24te. ⑬ je 2; je 6; 12; 4; $\frac{n!}{\alpha!}$; $\frac{n!}{\alpha!\beta!}$.
⑭ a) 120; b) 420; c) 604800; d) 90720.

---

⑮ 4; 4.3 = 12; 4.3.2 = 24. ⑰ a) 30; b) 120; c) 6720; d) 720.
⑱ a) $V_2(6) = 30$; b) $V_3(6) = 120$; 120 + 30 = 150. ⑲ a) α) $V_2(8) = 56$; β) 8.8 = 64; b) α) $V_3(8) = 336$; β) 8.8.8 = 512; c) α) $V_4(8) = 1680$; β) $8^4 = 4096$. ⑳ a) 4.4 = 16; b) 4.4.4 = 64. ㉑ n^m.
㉒ a) 9; (1 1; 1 2; 1 3; 2 1; 2 2; 2 3; 3 1; 3 2; 3 3); b) 625. c) 216; d) 8. (111; 112; 121; 122; 211; 212; 221; 222).
㉓ a) $V'_2(6) = 36$; b) $V'_3(6) = 216$. ㉔ a) $V'_2(9) = 81$; b) $V'_3(9) = 729$; c) $V'_4(9) = 6561$. ㉕ Es scheiden alle Variationen aus, die mit einer Null beginnen; a) $V'_2(10) - 10 = 90$; b) $V'_3(10) - V'_2(10) = 900$; c) $V'_4(10) - V'_3(10) = 9000$.

㉖ je 3!, also 4. ㉘ 123; 124; 125; 134; 135; 145; 234; 235;

245; 345. (29) a) 15; b) 5; c) 252; d) 220. (30) a) $C_{12}(20) = 125970$; b) $C_{15}(20) = 15504$. (31) $C_2(4) = 6$. (32) $6 \cdot 2 = 12$. (33) Jede Zusammenstellung enthält ein c, ein e und ein g, wovon jedes in 3 Tonhöhen vorkommen kann, also $3 \cdot 3 \cdot 3 = 27$; oder: es beginnen mit ce 3; cg 2; ce' 2; cg' 1; ce'' 1; eg 2; ec' 2; eg' 1; ec'' 1; gc' 2; ge' 1; gc'' 1; c'e' 2; c'g' 1; c'e'' 1; e'g' 1; e'c'' 1; g'c'' 1; c''e'' 1, also im ganzen 27 Akkorde. (37) a) 11; 12; 13; 22; 23; 33; b) 111; 112; 113; 122; 123; 133; 222; 223; 233; 333; c) aaa; aab; aac; aad; abb; abc; abd; acc; acd; add; bbb; bbc; bbd; bcc; bcd; bdd; ccc; ccd; cdd; ddd. (38) a) 56; b) 15; c) 792; d) 5005. (39) a) $C'_2(7) = 28$; b) $C'_2(8) = 36$.

---

(40) a) $V'_2(24) = 576$; b) $V'_3(24) = 13824$. (41) Es scheiden aus alle Zusammenstellungen, die keinen Vokal enthalten; a) $V'_2(24) - V'_2(19) = 576 - 361 = 215$; b) $V'_3(24) - V'_3(19) = 13824 - 6859 = 6965$. (42) Die Konsonanten liefern zu je zweien $V'_2(19)$, die Vokale $V'_2(5)$, daher $V'_2(19) \cdot V'_2(5)$ und diese Zahl doppelt, da sowohl die ersteren wie die letzteren vorausgehen können; 18050. (43) a) $C_2(34) = 561$; b) $C_3(34) = 5984$; c) $C_4(34) = 46376$, falls die Anordnung nicht in Betracht kommt, sonst a) $V_2(34) = 1122$; b) $V_3(34) = 35904$; c) $V_4(34) = 1113024$. (44) a) $C_2(24) + C_2(10) = 321$; b) $C_3(24) + C_3(10) = 2144$; c) $C_4(24) + C_4(10) = 10836$, oder, wenn es auch auf die Anordnung ankommt: a) $V_2(24) + V_2(10) = 642$; b) $V_3(24) + V_3(10) = 12864$; c) $V_4(24) + V_4(10) = 260064$. (45) a) $V'_4(6) = 1296$; b) $V'_5(6) = 7776$. (46) a) $V'_2(6) = 36$; b) $V'_3(6) = 216$.

§ 2. Wahrscheinlichkeitsrechnung.

(1) $\frac{a}{n}$; 1; 0. (2) a) $\frac{1}{6}$; b) $\frac{1}{6}$; c) $\frac{5}{6}$. (3) a) $\frac{4}{7}$; b) $\frac{3}{7}$. (4) a) $\frac{C_2(4)}{C_2(7)} = \frac{2}{7}$; b) $\frac{C_2(3)}{C_2(7)} = \frac{1}{7}$; c) $\frac{4 \cdot 3}{C_2(7)} = \frac{4}{7}$. (5) a) $\frac{C_3(5)}{C_3(10)} = \frac{1}{12}$; b) $\frac{1}{C_3(10)} = \frac{1}{120}$; c) $\frac{C_2(5) \cdot 2}{C_3(10)} = \frac{1}{6}$; d) $\frac{C_2(3) \cdot 5}{C_3(10)} = \frac{1}{8}$. (6) a) $\frac{6}{V_2'(6)} = \frac{1}{6}$; b) $\frac{5 \cdot 2}{V_2'(6)} = \frac{5}{18}$; c) $\frac{2 \cdot 2}{V_2'(6)} = \frac{1}{9}$; d) $\frac{5}{V_2'(6)} = \frac{5}{36}$; e) $\frac{3}{V_2'(6)} = \frac{1}{12}$.

(7) $\frac{n-b}{n} = 1 - \frac{b}{n}$. (8) $C_2'(7) = 28$ Steine; a) $1 - \frac{C_7(21)}{C_7(28)} = \frac{2966}{3289}$; b) $1 - \frac{C_7(22)}{C_7(28)} = \frac{3839}{4485}$; c) $1 - \frac{C_7(25)}{C_7(28)} = \frac{139}{234}$.

(9) aα) $1 - \frac{C_7(14)}{C_7(21)} = \frac{4702}{4845}$; aβ) $1 - \frac{C_7(16)}{C_7(21)} = \frac{2621}{2907}$; bα) $1 - \frac{C_7(15)}{C_7(21)} = \frac{2441}{2584}$; bβ) $1 - \frac{C_7(17)}{C_7(21)} = \frac{712}{855}$; cα) $1 - \frac{C_7(18)}{C_7(21)} = \frac{69}{95}$; cβ) $1 - \frac{C_7(20)}{C_7(21)} = \frac{1}{3}$. (10) $\frac{a}{n} + \frac{b}{n} = \frac{a+b}{n}$.

(11) a) $\frac{4}{9} + \frac{2}{9} = \frac{2}{3}$; b) $\frac{3}{9} + \frac{2}{9} = \frac{5}{9}$; c) $\frac{C_2(4) + C_2(3)}{C_2(9)} = \frac{1}{4}$; d) $\frac{4 \cdot 3 + 4 \cdot 2}{C_2(9)} = \frac{5}{9}$. (12) a) $\frac{6+6}{36} = \frac{1}{3}$; b) $\frac{3+4}{36} = \frac{7}{36}$. (13) $w = w_1 \cdot w_2$.

(14) a) $\frac{3}{10} \cdot \frac{5}{10} = \frac{3}{20}$; b) $\frac{2}{10} \cdot \frac{3}{10} = \frac{3}{50}$; c) $\frac{C_2(5)}{C_2(10)} \cdot \frac{C_2(3)}{C_2(10)} = \frac{2}{135}$; d) $\frac{3}{10} \cdot \frac{5}{10} \cdot \frac{2}{10} = \frac{3}{100}$. (15) a) $\frac{3}{10} \cdot \frac{5}{9} = \frac{3}{18}$; b) $\frac{2}{10} \cdot \frac{3}{9} = \frac{1}{15}$; c) $\frac{C_2(5)}{C_2(10)} \cdot \frac{C_2(3)}{C_2(8)} = \frac{1}{42}$; d) $\frac{3}{10} \cdot \frac{5}{9} \cdot \frac{2}{8} = \frac{1}{24}$. (16) a) $\frac{2}{36} \cdot \frac{5}{36} = \frac{5}{648}$; b) $\frac{3}{36} \cdot \frac{6}{36} = \frac{1}{72}$; c) $\frac{6}{36} \cdot \frac{6}{36} = \frac{1}{36}$. (17) Auf 1000 Lose kommen 150 Gewinne; aα) $\frac{150}{1000} = \frac{3}{20}$; aβ) $\frac{1}{1000}$; aγ) $\frac{12}{1000} = \frac{3}{250}$; bα) $\frac{3}{1000}$; bβ) $\frac{3}{1000} \cdot \frac{2}{999} \cdot \frac{1}{998} = \frac{1}{166167000}$ (w_1 für das erste Los, einen der drei Gewinne zu erhalten, $\frac{3}{1000}$; alsdann w_2 für das zweite Los, einen der beiden übrigen Ge-

einen zu bekommen, $\frac{2}{999}$ und $w_3 = \frac{1}{998}$; oder: die sämtlichen Lose lassen sich auf 1000 · 999 · 998 Arten zu dreien zusammenstellen; günstig sind davon 3 · 2 · 1).

---

§ 3. Der binomische Lehrsatz für positive ganze Exponenten.

(2) a) $4x^2 + 4xy + y^2$; b) $9x^2 - 24xy + 16y^2$; c) $\frac{1}{4}a^2 - \frac{2}{3}ab + \frac{4}{9}b^2$; d) $\frac{9}{16}a^2x^2 - abxy + \frac{4}{9}b^2y^2$. (3) a) $x^3 + 6x^2y + 12xy^2 + 8y^3$; b) $8x^3 + 6x^2y + 1\frac{1}{2}xy^2 + \frac{1}{8}y^3$; c) $a^3 - 3a^2b + 3ab^2 - b^3$; d) $\frac{1}{8}a^6 - 3a^4b + 24a^2b^2 - 64b^3$. (4) a) $81a^4 + 108a^3b + 54a^2b^2 + 12ab^3 + b^4$; b) $a^4 - 4a^3b + 6a^2b^2 - 4ab^3 + b^4$; c) $\frac{1}{81}x^4 - \frac{4}{9}x^3y + 6x^2y^2 - 36xy^3 - 81y^4$; d) $a^8 + 12a^6b^3 + 54a^4b^6 + 108a^2b^9 + 81b^{12}$. (5) a) $x^5 - 10x^4y + 40x^3y^2 - 80x^2y^3 + 80xy^4 - 32y^5$; b) $64a^6 + 576a^5b + 2160a^4b^2 + 4320a^3b^3 + 4860a^2b^4 + 2916ab^5 + 729b^6$; c) $6561x^8 - 17496x^7y + 20412x^6y^2 - 13608x^5y^3 + 5670x^4y^4 - 1512x^3y^5 + 252x^2y^6 - 24xy^7 + y^8$; d) $a^{10} - 10a^9b + 45a^8b^2 - 120a^7b^3 + 210a^6b^4 - 252a^5b^5 + 210a^4b^6 - 120a^3b^7 + 45a^2b^8 - 10ab^9 + b^{10}$. (6) a) $(a^2 - b^2) \pm 2abi$; b) $(a^3 - 3ab^2) \pm (3a^2b - b^3)i$; c) $(a^4 - 6a^2b^2 + b^4) \pm (4a^3b - 4ab^3)i$; d) $(a^5 - 10a^3b^2 + 5ab^4) \pm (5a^4b - 10a^2b^3 + b^5)i$.

(14) $(a+b)^n = a^n + \cdots + \binom{n}{p}a^{n-p}b^p + \binom{n}{p+1}a^{n-p-1}b^{p+1} + \cdots + b^n$;

$$(a+b)^{n+1} = a^{n+1} + \cdots + \binom{n}{p}a^{n-p+1}b^p + \binom{n}{p+1}a^{n-p}b^{p+1} + \cdots + ab^n$$
$$+ \cdots + \binom{n}{p-1}a^{n-p+1}b^p + \binom{n}{p}a^{n-p}b^{p+1} + \cdots + \binom{n}{n-1}ab^n + b^{n+1}$$
$$= a^{n+1} + \cdots + \binom{n+1}{p}a^{n+1-p}b^p + \binom{n+1}{p+1}a^{n-p}b^{p+1} + \cdots + \binom{n+1}{n}ab^n + b^{n+1}$$

(15) a) $\binom{15}{3} = 455$; b) $\binom{25}{12} = 5200300$; c) $-\binom{20}{3} = -1140$.
(16) a) $\pm\binom{8}{3}i^3 = \mp 56i$; b) $+\binom{10}{2}i^{10} = -45$; c) $\pm\binom{12}{5}i^7 = \mp 792i$.
(17) a) 1771561; b) 3486784401; c) 10510100501; d) 93206534790699. (18) a) 1,082432; b) 1,194052; c) 1,480244; d) 1,131409.

V. Lehre von den Funktionen in Verbindung mit den Grundzügen der Differentialrechnung.

§ 1. Lineare Funktionen.

(7) a) $y = 2x - 3$; b) $y = \frac{1}{2}x + 2$; c) $y = \frac{2}{3}x + 1\frac{1}{2}$; d) 0; 4 und −12; 0. e) 0; 3 und $1\frac{1}{2}$; 0; f) 0; $1\frac{2}{3}$ und $2\frac{1}{2}$; 0; g) 0; −3 und 5; 0. (8) 1 km durch 1 mm als Abszisse; 1^m durch 1 mm als Ordinate, Zeit beginnend mit 12^{00}; a) 35,4 km von Kassel; b) nach $18,6^m$, also um $13^h\,18,6^m$. (9) a) nach $4,95^m$, also um $12^h\,54,95^m$; 5,32 km von Kassel; b) um $12^h\,52,14^m$. (10) 1^s durch 1 cm als Abszisse, 1 m durch 1 cm als Ordinate; $v = 0,2$ m parallel zur t-Achse; $s = ct$ Gerade durch den N und $t_1 = 10^s$; $s_1 = 2$ m. (11) a) $p = 2r\pi$. Gerade durch den N und $r_1 = 2$ (cm); $p_1 = 12,6$ cm; b) $r = \frac{p}{2\pi}$; Gerade durch den N und $p_1 = 12,6$ (cm); $r_1 = 2$ (cm); a) $P = 2(r+1)\pi = p + 2\pi = p + 6,28$; b) $R = \frac{p+1}{2\pi} = r + \frac{1}{2\pi} = r + 0,159$ (in dem Beispiel 15,9 cm). (12) 1^h durch 1 cm als Abszisse, 360° durch 6 cm als Ordinate. Geraden durch den N und $t_1 = 1^h$ (= 1 cm) und $w_1 = 30°$ (= 0,5 cm) bzw. $w_2 = 360°$ (= 6 cm); a) 21° und 252°; b) 50^m und $4\frac{1}{6}^m$; $y = 12ax$. (13) Für den großen Zeiger zählt man die Winkel nach jeder Stunde von neuem von 0° an; nach $1\frac{1}{11} = 1,09^h$, nach $2\frac{2}{11} = 2,18^h$, nach $3\frac{3}{11} = 3,27^h$ usw. (14) $u \pm v = (a_1 + a_2)x + (b_1 \pm b_2)$ stellt wieder eine Gerade dar. (15) 1^m durch 1 cm als Abszisse, 1 l durch 1 mm als Ordinate; (A) $y = 15t$; Gerade durch den N und $t_1 = 5^m$; $y_1 = 75$ l; (B) $y = 10(t-5)$; Gerade durch $t_2 = 5^m$; $y_2 = 0$ und $t_3 = 10^m$; $y_3 = 50$ l. $Y = 25t - 50$; a) 150 l; b) $6,8^m$. (16) Maße wie in A. 15; (A) $y = 20t$; (B) $y = \pm 45(t-6)$; nach $10,8^m$. (17) Maße wie in A. 15; (A) $y = 20t$; (B) $y = -45(t-6)$; (C) $y = 15(t-8)$; nach 15^m. (18) $z = \frac{1}{2}\pi y^2 x - 0,4\pi y(x+y)$. Für die angegebenen y erge-

ben sich also als Einzelgeraden: $z = 0{,}1\pi x - 0{,}4\pi$ (für $y = 1$); $z = 0{,}525\pi x - 0{,}9\pi$ (für $y = 1{,}5$); $z = 1{,}2\pi x - 1{,}6\pi$ (für $y = 2$); $z = 2{,}125\pi x - 2{,}5\pi$ (für $y = 2{,}5$); $z = 3{,}3\pi x - 3{,}6\pi$ (für $y = 3$) oder Geraden durch (in Netzmaßen) $z_1 = 0$; $x_1 = 20$; $8{,}6$; $6{,}7$; $5{,}9$; $5{,}5$ mm und $x_2 = 20$ cm; $z_2 = 2{,}3$; $12{,}6$; $29{,}2$; $51{,}8$; $80{,}7$ mm.

(19) a) $z = \pi y\left(\frac{1}{2}y - 0{,}4\right)x + \pi y^2\left(\frac{1}{6}y - 0{,}2\left(1+\sqrt{2}\right)\right)$; Einzelgeraden also: $z = 0{,}1\pi x - 0{,}316\pi$ (für $y = 1$); $z = 0{,}525\pi x - 0{,}524\pi$ (für $y = 1{,}5$), $z = 1{,}2\pi x - 0{,}598\pi$ (für $y = 2$); $z = 2{,}125\pi x - 0{,}414\pi$ (für $y = 2{,}5$); $z = 3{,}3\pi x + 0{,}153\pi$ (für $y = 3$) oder Geraden durch (in Netzmaßen) $z_1 = 0$; $x_1 = 15{,}8$; 5; $2{,}5$; 1; $-0{,}25$ mm und $x_2 = 20$ cm; $z_2 = 2{,}3$; $12{,}9$; $29{,}8$; $53{,}1$; $83{,}0$ mm; b) $z = \pi y\left(\frac{1}{2}y - 0{,}4\right)x + \pi y^2\left(\frac{1}{6}y\sqrt{3} - 0{,}6\right)$; Einzelgeraden also: $z = 0{,}1\pi x - 0{,}311\pi$ (für $y = 1$); $z = 0{,}525\pi x - 0{,}376\pi$ (für $y = 1{,}5$); $z = 1{,}2\pi x - 0{,}091\pi$ (für $y = 2$) $z = 2{,}125\pi x + 0{,}761\pi$ (für $y = 2{,}5$); $z = 3{,}3\pi x + 2{,}394\pi$ (für $y = 3$). oder Geraden durch (in Netzmaßen) $z_1 = 0$; $x_1 = 15{,}6$; $3{,}6$; $0{,}4$; $-1{,}8$; $-3{,}6$ mm und $x_2 = 20$ cm; $z_2 = 2{,}3$; $13{,}0$; $30{,}1$; $53{,}9$; $84{,}4$ mm.

---

§ 2. Quadratische Funktionen.

(1)

$x =$	0	$\pm 0{,}5$	± 1	$\pm 1{,}5$	± 2	$\pm 2{,}5$	± 3	$\pm 3{,}5$	± 4
$y =$	0	$0{,}25$	1	$2{,}25$	4	$6{,}25$	9	$12{,}25$	16

(5) $k = -\frac{b}{2a}$; $y = a\xi^2 - \frac{b^2 - 4ac}{4a}$. (6) $k = -\frac{b}{2a}$; $l = -\frac{b^2 - 4ac}{4a}$; $\eta = a\xi^2$. Der neue N wird Scheitel der Parabel; k Scheitelabszisse; l Scheitelordinate. (7) $x_{1,2} = -\frac{b}{2a} \pm \frac{1}{2a}\sqrt{b^2 - 4ac}$ (vgl. mit l). (8) $x_{1,2} = -\frac{1}{2}p \pm \frac{1}{2}\sqrt{p^2 - 4q}$; Scheitelordinate ist $-\frac{1}{4}(p^2 - 4q)$.

(9) a) $x_1 = 0{,}67$; $x_2 = -1{,}5$; b) $x_1 = -0{,}6$; $x_2 = -1{,}2$; c) $x_{1,2} = -\frac{1}{2}p \pm \frac{1}{2}\sqrt{p^2 - 4q}$; $\frac{1}{2}(x_1 + x_2) = -\frac{1}{2}p$ muß der Symmetrie wegen Scheitelabszisse sein; d) die Fälle ergeben sich aus $q \gtreqless 0$.

(10) I a) $v = gt$; b) $v = \frac{1}{2}gt$; Geraden durch den N und $t_1 = 5^s$; $v_1 = 49{,}05$ m bzw. $v_2 = 24{,}5$ m; II a) $s = \frac{1}{2}gt^2$; b) $s = \frac{1}{4}gt^2$; $t = 0; 1; 2; 3; 4; 5^s$; $s = 0$; 4,9; 19,6; 44,1; 78,5; 122,6 m bzw. 2,45; 9,8; 22,1; 39,2; 61,3 m; III a) $s = v^2 : 2g$; b) $s = v^2 : g$; $v = 0; 1; 2; \ldots 10$ m; $s = 0$; 0,06; 0,20; 0,46; 0,82; 1,27; 1,83; 2,50; 3,26; 4,13; 5,97 m bzw. 0; 0,12; 0,41; 0,92; 1,63; 2,55; 3,67; 5,00; 6,53; 8,26; 11,94 m.

(11) $v = 30\left(1 - \left(\frac{x}{20}\right)^2\right)$.

x =	0	2	4	6	8	10	12	14	16	18	20	cm
v =	30	29,7	28,8	27,3	25,2	22,5	19,2	15,3	10,8	5,7	0	cm/sec

(12) a) $v = 6 + 2t$; $s = 6t + t^2$; $s = \frac{1}{4}v^2 - 9$;
b) $v = 20 - 3t$, $s = 20t - \frac{3}{2}t^2$; $s = \frac{1}{6}(v^2 - 400)$.

t =	0	1	2	3	4	5	6	$6\frac{2}{3}$	7	8	9	10	sec.
a) v =	6	8	10	12	14	16	18		20	22	24	26	cm/sec
s =	0	7	16	27	40	55	72		91	112	135	160	cm
b) v =	20	17	14	11	8	5	2	0					cm/sec
s =	0	18,5	34	46,5	56	62,5	66	66,7					cm

(13a) $V = 3x^2y - 12xy^2 + 20y^3$, also für

	x =	8	9	10	11	12	m
1) $y = \frac{1}{2}$; $V = 1\frac{1}{2}x^2 - 3x + 2\frac{1}{2}$	=	74,5	97	122,5	151	182,5	cbm
2) $y = 1$; $V = 3x^2 - 12x + 20$	=	116	155	200	251	308	"
3) $y = 1\frac{1}{2}$; $V = 4\frac{1}{2}x^2 - 27x + 67\frac{1}{2}$	=	139,5	189	247,5	315	391,5	"
4) $y = 2$; $V = 6x^2 - 48x + 160$	=	160	214	280	358	448	"

Fortsetzung unter 13b.

(13b) $V = 4y^3 + 12y^2x + 14yx^2$, also für

	x =	1	2	3	4	m
1) $y = 1$; $V = 4 + 12x + 14x^2$	=	30	84	166	276	cbm
2) $y = 1{,}25$; $V = 7{,}8 + 18{,}75x + 17{,}5x^2$	=	44,06	115,3	221,55	362,8	"
3) $y = 1{,}5$; $V = 13{,}5 + 27x + 21x^2$	=	61,5	151,5	283,5	457,5	"
4) $y = 1{,}75$; $V = 21{,}4 + 36{,}75x + 24{,}5x^2$	=	82,69	192,9	352,15	560,4	"
5) $y = 2$; $V = 32 + 48x + 28x^2$	=	108	240	428	672	"

(13a) Fortsetzung: 1) x = a) 10,80; b) 11,77; c) über 12 m; 2) x = 8,76; 9,46; 10,79 m; 3) x = 8,12; 8,735; 9,88 m; 4) x = unter 8; 8,30; 9,42 m.

(13b) Fortsetzung: 1) x = 2,225; 2,83; 3,34 m; 2) x = 1,82; 2,365; 2,82 m; 3) x = 1,49; 1,99; 2,41 m; 4) x = 1,19; 1,66; 2,05 m; 5) x = unter 1; 1,37; 1,74 m.

(14) $\operatorname{tg}\alpha = 5;\ 4\frac{1}{2};\ 4\frac{1}{4};\ 4\frac{1}{8};\ 4\frac{1}{16}\ \ldots\ 4+\frac{1}{n} \xrightarrow[n=\infty]{} 4.$

(15) a) $\operatorname{tg}\alpha = 3\frac{1}{2};\ 3\frac{1}{6};\ 3\frac{1}{18};\ 3\frac{1}{54}\ \ldots\ 3+\frac{1}{3n} \xrightarrow[n=\infty]{} 3;$

b) $\operatorname{tg}\alpha = 0;\ -0{,}9;\ -0{,}99;\ -0{,}999\ \ldots\ -1+\frac{1}{n} \xrightarrow[n=\infty]{} -1.$

(16) zu 14: $\operatorname{tg}\alpha = x_2 + x_1$; zu 15a: $\operatorname{tg}\alpha = \frac{1}{2}(x_2 + x_1)$; zu 15b: $\operatorname{tg}\alpha = x_2 + x_1 - 3$. (17) a) $2x$; b) $6x$; c) $-\frac{4}{3}x$; d) $2ax$; e) $4x$; f) $2ax$; g) $\frac{2}{3}x - 5$; h) $2ax + b$.

(19) a) $y' = \frac{4}{3}x - 4$; b) $y' = 2x$; c) $y' = -\frac{1}{2}x + 2$; d) $y' = -\frac{8}{5}x - 1$.

x =	−5	−4	−3	−2	−1	0	1	2	3	4	5
a) y =				15,67	9,67	5	1,67	−0,33	−1	−0,33	1,67
b) y =	18	9	2	−3	−6	−7	−6	−3	2	9	18
c) y =		−15	−11,25	−8	−5,25	−3	−1,25	0	0,75	1	0,75
d) y =	−15	−8,8	−4,2	−1,2	0,2	0	−1,8	−5,2	−10,2	−16,8	

α) $a > 0$ (< 0) nach oben (unten) geöffnet; β) Scheitelordinate $y = -\frac{b^2 - 4ac}{4a}$ (s. A. 6); wenn $a > 0$ und $b^2 \gtreqless 4ac$ ist, so schneidet, berührt, vermeidet die Parabel die x-Achse; wenn $a < 0$, umgekehrt; γ) Scheitelabszisse $x = -\frac{b}{2a}$ (s. A. 6); bei gleichen Vorzeichen von a und b liegt der Scheitel links, sonst rechts der y-Achse. Scheitelabszissen: a) 4,225; 1,775; b) ±2,65; c) 6; 2; d) 0; −1,25.

(20) Die Zeichnung der Geraden läßt unmittelbar erkennen, wie die Kurven a) $y = x^2 + 3x + k$; b) $y = x^2 - 3x + k$; c) $y = -x^2 + 3x + k$; d) $y = -x^2 - 3x + k$ verlaufen. (21) a) $y = -\frac{1}{4}x^2 + x + k$, $k = 0;\ -1;\ 2;\ 4;\ 4\frac{1}{16}$; b) $y = 2x^2 - 4x + k$; $k = 0;\ 2;\ 5;\ 4;\ -22\frac{1}{2}$; c) $y = \frac{1}{2}x^2 + x + k$; $k = 0;\ \frac{1}{2};\ 3\frac{1}{2};\ 4;\ -\frac{5}{6}$; d) $y = -\frac{3}{4}x^2 - 2x + k$; $k = 0;\ -1\frac{1}{3};\ 1\frac{2}{3};\ 4;\ -\frac{5}{16}$. (22) $a \gtrless 0$; in jeder Gruppe $b^2 - 4ac \gtreqless 0$ (vgl. A. 19β). (23) $x = -\frac{b}{2a}$; $y = -\frac{b^2 - 4ac}{4a}$.

(24) $y' =$ α) 1; β) $\sqrt{3}$; γ) $\frac{1}{3}\sqrt{3}$; δ) $-\sqrt{3}$; ε) -1.
a) $x = 3 + \frac{3}{4}y' = 3{,}75; 4{,}299; 3{,}433; 1{,}701; 2{,}25$; b) $x = \frac{1}{2}y' = 0{,}5; 0{,}866; 0{,}289; -0{,}866; -0{,}5$; c) $x = 4 - 2y' = 2; 0{,}536; 2{,}845; 7{,}464; 6$; d) $x = -\frac{5}{8}(1+y') = -1{,}25; -1{,}708; -0{,}986; 0{,}458; 0$. (25) a) $y = \frac{2}{3}x^2 + 1$; $\operatorname{tg}\alpha = \frac{8}{3}; -\frac{4}{3}; 0$; $\alpha = 69°23'; 126°58'; 0°$ | $0; 1$; b) $y = \frac{1}{2}x^2 + 2x - 3$; $\operatorname{tg}\alpha = 2; 3; 0$; $\alpha = 63°24'; 71°36'; 0°$; | $-2; -5$; c) $y = 2x^2 - 3x$; $\operatorname{tg}\alpha = 9; -11; -3$; $\alpha = 83°40'; 95°18'; 108°24'$; | $0{,}75; -1{,}125$; d) $y = -x^2 + 3x + 5$; $\operatorname{tg}\alpha = 1; 7; -3$; $\alpha = 45°; 81°58'; 108°24'$; | $1{,}5; 7{,}25$. (26) Das linke Drahtende sei der N; $y = ax^2 + bx + c$; $c = 0$; $a = \frac{1}{3200}$; $b = -\frac{1}{20}$; $\operatorname{tg}\alpha = -\frac{1}{20}$; $\alpha = -2°52'$, bzw. $+2°52'$. (27) N wie in 26; $y = ax^2 + bx + c$; a) $c = 0$; $a = \frac{1}{8000}$; $b = -\frac{1}{800}$; $\operatorname{tg}\alpha_1 = -\frac{1}{800}$; $\alpha_1 = -0°4'$; $\operatorname{tg}\alpha_2 = \frac{31}{800}$; $\alpha_2 = 2°13'$; zweiter Schnittpunkt $x = 10$ m; b) $c = 0$; $a = \frac{9}{25600}$; $b = -\frac{3}{80}$; $\operatorname{tg}\alpha_1 = -\frac{3}{80}$; $\alpha_1 = -2°9'$; $\operatorname{tg}\alpha_2 = \frac{3}{40}$; $\alpha_2 = 4°17'$; zweiter Schnittpunkt $x = 106\frac{2}{3}$ m

§ 3. Die Funktionen dritten und vierten Grades.

(1)

$x =$	0	±0,5	±1	±1,5	±2	±2,5	±3	±3,5	±4	±4,5	±5
$y =$	0	±0,1	±1	±3,4	±8	±15,6	±27	±42,9	±64	±91,1	±125

(6) $l = c$. (7) $k = -\frac{b}{3a} = 3$; $l = \frac{2b^3}{27a^2} - \frac{bc}{3a} + d = 28$; $\eta = a\xi^3 + \frac{3ac - b^2}{3a}\xi$ oder $\eta = \frac{1}{3}\xi^3 + 3\xi$. (8) a) $-1; 3; -2$; b) $\frac{1}{2}; 2; -2\frac{1}{2}$; c) $-1{,}2; 3; -1{,}8$.
(9a) α) $V = \frac{4}{25}x^3$; β) $O = \frac{4}{25}x^2$; γ) $W = 0{,}81584\,x^2$.

$x =$	0	1	2	3	4	5	m
$V =$	0	0,053	0,427	1,44	3,413	6,667	cbm
$O =$	0	0,16	0,64	1,44	2,56	4	qm
$W =$	0	0,82	3,26	7,34	13,05	20,40	qm

$V = 5{,}716$ cbm; $t = 11{,}43^{m}$; $O = 3{,}61$ qm; $W = 18{,}41$ qm.

(9b) α) $V = \frac{1}{3}\pi x^2(6-x)$; β) $O = \pi x(4-x)$; γ) $W = 4\pi x$.

$x =$	0	$\frac{1}{2}$	1	$1\frac{1}{2}$	2	$2\frac{1}{2}$	3	$3\frac{1}{2}$	4 m
$V =$	0	1,440	5,236	10,603	16,755	22,907	28,274	32,070	33,510 cbm
$O =$	0	5,50	9,42	11,78	12,57	11,78	9,42	5,50	0 qm
$W =$	0	6,28	12,57	18,85	25,13	31,42	37,70	43,98	50,27 qm

1 m durch 2 cm; 1 cbm durch $\frac{1}{2}$ cm; 1 qm durch 1 cm (O), $\frac{1}{4}$ cm (W).
$V = 33,27$ cbm; $t = 66,54^m$; $O = 2,39$ qm; $W = 47,74$ qm.

(10a) Unten Höhe h, oben h_1. α) Auftrieb $A = \frac{1}{3}\pi\frac{r^2}{h^2}x^3 = \frac{1}{27}\pi x^3$ für $0 < x < h$; $A = \frac{2}{3}\pi r^2 h - \frac{1}{3}\pi\frac{r^2}{h^2}(2h-x)^3 = 16\pi - \frac{1}{27}\pi(12-x)^3$ für $h < x < 2h$. β) $A = \frac{1}{3}\pi\frac{r^2}{h^2}x^3 = \frac{1}{27}\pi x^3$ für $0 < x < h$; $A = \frac{1}{3}\pi r^2(h+h_1) - \frac{1}{3}\pi\frac{r^2}{h_1^2}(h+h_1-x)^3 = \frac{40}{3}\pi - \frac{1}{12}\pi(10-x)^3$ für $h < x < h+h_1$; γ) $A = \frac{1}{3}\pi\frac{r^2}{h^2}x^3 = \frac{1}{12}\pi x^3$ für $0 < x < h$; $A = \frac{1}{3}\pi r^2(h+h_1) - \frac{1}{3}\pi\frac{r^2}{h_1^2}(h+h_1-x)^3 = \frac{40}{3}\pi - \frac{1}{27}\pi(10-x)^3$ für $h < x < h+h_1$.

$x =$	0	1	2	3	4	5	6	7	8	9	10 dm
α) $A =$	0	0,12	0,93	3,14	7,45	14,54	25,13	35,72	42,81	47,12	49,33 kg
β) $A =$	0	0,12	0,93	3,14	7,45	14,54	25,13	34,82	40,84	41,63	41,89 "
γ) $A =$	0	0,26	1,05	7,07	16,75	27,35	34,44	38,75	40,96	41,77	41,89 ";

außerdem bei α) noch 50,14; 50,26 kg für 11; 12 dm.

(10b) $T = \frac{1}{3}\pi x^2(15-x) - 50$. Für $x = 0; 1; 2; 3; \ldots$ 10 dm ergibt sich $T = -50; -35,34; 4,45; 63,1; 134,3; 211,8; 289,2; 360,5; 419,1; 458,9; 473,6$ kg oder in Netzmaßen $-10; -7,1; 0,9; 12,6; 26,9; 42,4; 57,8; 72,1; 83,8; 91,8; 94,7$ mm.

(12) $y' = 3x^2 - 3x - 4,5$; $y'' = 6x - 3$.

$x =$	−2,5	−2	−1,5	−1	−0,5	0	0,5	1	1,5	2	2,5	3
$y =$	−8,75	0	5	7	6,75	5	2,5	0	−1,75	−2	0	5
$y' =$	21,75	13,5	6,75	1,5	−2,25	−4,5	−5,25	−4,5	−2,25	1,5	6,75	13,5

(13) $y' = -\frac{3}{4}x^2 + 3\frac{1}{4}$; $y'' = -\frac{3}{2}x$.

$x =$	−5	−4	−3	−2	−1	0	1	2	3	4	5
$y =$	16	4	−2	−3,5	−2	1	4	5,5	4	−2	−14
$y' =$	−15,5	−8,75	−3,5	0,25	2,5	3,25	2,5	0,25	−3,5	−8,75	−15,5.

⑭ zu 12: a) für $x = \frac{1}{2} \pm \frac{1}{2}\sqrt{7} = 1{,}82;\ -0{,}82$; b) für $x = \frac{1}{2} \pm \frac{1}{6}\sqrt{75} = 1{,}94;\ -0{,}94$; c) für $x = \frac{1}{2}$; $\operatorname{tg}\alpha = -5{,}25$; $\alpha = -79^\circ 13'$;
zu 13: a) für $x = \pm\frac{1}{3}\sqrt{39} = \pm 2{,}08$; b) für $x = \pm\sqrt{3} = \pm 1{,}73$; c) für $x = 0$; $\operatorname{tg}\alpha = 3{,}25$; $\alpha = 72^\circ 54'$.

⑮ a)

$x =$	0	±1	±2	±3	±4	±5	±6
$y' =$	−3,25	−0,25	8,75	23,75	44,75	71,75	104,75

b) $y = x^3 - \frac{13}{4}x + k$; $k = -1\frac{1}{2}$.

⑯ $y' = 3ax^2 + 2bx + c$; also für die Parabelgruppen $a \gtrless 0$ und $b^2 - 3ac \gtreqless 0$ (vgl. § 2, 22); die nach oben (unten) geöffnete Parabel schneidet die x-Achse 2; 1; 0 mal; daher steigt die kubische Parabel vom negativen zum positiven (vom positiven zum negativen) Unendlichen und hat entweder ein Maximum und ein Minimum oder eine wagerechte oder eine schiefe Wendetangente. Je nach der Höhenlage verschiedenes Verhalten zur x-Achse. ⑰ $y'' = 6ax + 2b = 0$ gibt $x = -\frac{b}{3a}$; dies in $y = 0$ und $y' = 0$ eingesetzt, ergibt $\frac{2b^3}{27a^3} - \frac{bc}{3a} + d = 0$ und $c - \frac{b^2}{3a} = 0$; also wenn $x = \xi - \frac{b}{3a}$ gesetzt wird, $y = a\xi^3$. ⑱ Doppelwurzel für $3x_1^2 = -p$; $x = \pm\sqrt{\frac{-p}{3}}$; Bedingung: $\frac{p^3}{27} + \frac{q^2}{4} = 0$.

---

⑲ $y = 0{,}0025(3x^2 - x^3)$.

$x =$	0 (0)	0,25 (5)	0,5 (10)	0,75 (15)	1 (20) m (cm)
$y =$	0 (0)	0,00043 (0,9)	0,00156 (3,1)	0,00316 (6,3)	0,005 (10) m (mm).

Abszissen der Tangentenschnittpunkte 0,119 (2,38); 0,222 (4,44); 0,3 (6); 0,333 (6,67) m (cm). ⑳ a) $4x^3$; $12x^2$; b) $4ax^3$; $12ax^2$; c) $\frac{1}{2}x^3 - 2x^2$; $\frac{3}{2}x^2 - 4x$; d) $4ax^3 + 3bx^2 + 2cx + d$; $12ax^2 + 6bx + 2c$.

㉑ $y = \frac{1}{600}(6x^2 - 4x^3 + x^4)$. ㉒ $y = 0{,}016(x - 2x^3 + x^4)$.

$x =$	0 (0)	0,25 (5)	0,5 (10)	0,75 (15)	1 (20) m (cm)
21) $y =$	0 (0)	0,00053 (1,1)	0,0018 (3,6)	0,0033 (6,6)	0,005 (10) m (mm)
22) $y =$	0 (0)	0,0036 (7,2)	0,005 (10)	0,0036 (7,2)	0 (0) m (mm)

Abszissen der Tangentenschnittpunkte: 21) 0,113 (2,26); 0,196 (3,92); 0,241 (4,82); 0,25 (5) m (cm); 22) −0,074 (−1,48); 1,074 (21,48) m (cm).

---

§4. Allgemeine Eigenschaften der Funktionen.

⑨ a) SY; b) ZS; c) SX; d) SH_1; SH_2; e) SH_1; SH_2; f) SY; g) ZS; h) unsymmetrisch; i) SY; k) ZS; l) SY; m) SY; n) SY; o) SY; p) ZS.

⑩ a) SY; SX; ZS; SH_1; SH_2; b) SY; SX; ZS; c) ZS; SH_1; SH_2; d) ZS; SH_1; SH_2; e) SH_1; f) SH_2; g) SH_1; SH_2; h) unsymmetrisch; i) SH_1; SH_2; k) SY; l) SX; m) SX; n) SY; o) SX; p) SH_1.

---

§5. Rationale Funktionen im allgemeinen.

② a) Für $x \to \pm\infty$ wird, wenn $a>0$ (<0), $y \to +\infty$ $(-\infty)$;
b) für $x \to \pm\infty$ wird, wenn $a>0$ (<0), $y \to \pm\infty$ $(\mp\infty)$;
c) wie a.

a) Die Kurve kommt aus $+\infty$ und geht zu $+\infty$, wenn $a>0$;
" " " " $-\infty$ " " " $-\infty$, " $a<0$;
b) " " " " $-\infty$ " " " $+\infty$, " $a>0$;
" " " " $+\infty$ " " " $-\infty$, " $a<0$;
c) wie a

③ Für gerades n wie 2a, für ungerades n wie 2b. Die ungerade Funktion. ④ $n-1$; $n-2$. ⑤ Bei nur geraden Potenzen nimmt y für $\pm x$ denselben Wert an, bei ungeraden Potenzen entgegengesetzt gleiche Werte; ist im letzteren Fall ein absolutes Glied k vorhanden, so wird die Kurve zentralsymmetrisch zum N, wenn die x-Achse um k verschoben wird. Die y'-Linie enthält in ihrer Gleichung im ersten Fall nur ungerade, im zweiten nur gerade Potenzen. ⑥ folgt aus 4. ⑦ a) $5x^4$; $0°$ (W); b) $12x^3$; $0°$; c) $\frac{2}{3}x$; $0°$; d) $3x^2$; $71°34'$; e) $3x^2$; $71°34'$; f) x; $\pm 35°58'$; g) $3x^2$; $82°28'$; h) $\frac{2}{3}x+1$; $\pm 59°2'$; i) $12x^3+2$; $63°26'$; $-80°32'$; k) $12x-17$; $\pm 45°$; l) $3x^2-7$; $-75°58'$; $78°41'$; $87°8'$; m) $24x^3+57x^2-2x$

-11; $79°13'$; $-89°34'$; $-77°19'$; $87°37'$. ⑧ a) $6x^2-10x$; $0°$; $-75°58'$; $86°25'$; b) $2x^2-\frac{3}{2}x-1$; $-45°$; $-26°34'$; $68°12'$; c) $2x^3-\frac{4}{3}x+\frac{3}{4}$; $36°52'$; $54°47'$; $4°46'$.

⑨

	$x=-4$	-3	-2	-1	0	1	2	3	4
a) $y=$	-12	$-3,75$	0	$0,75$	0	$-0,75$	0	$3,75$	12
b) $y=$		$26,25$	8	$2,25$	0	$-1,75$	0	$14,25$	
c) $y=$		$11,25$	0	$-0,75$	0	$-0,75$	0	$11,25$	
d) $y=$	$7,68$	$5,76$	$2,24$	$0,32$	0	$-0,32$	$-2,24$	$-5,76$	$-7,68$
e) $y=$		-40	-12	0	2	0	0	8	30
f) $y=$	18	4	0	0	$0,4$	0	0	4	18
g) $y=$	$4,27$	$-0,9$	$-1,07$	$-0,23$	0	$0,43$	$4,27$	$17,1$	

ferner d) $y=0$ für $x=\pm 5$ und $y=\pm 31,68$ für $x=\pm 6$;
g) $y=20,83$ für $x=-5$.

a) $y'=\frac{3}{4}x^2-1$; $y''=\frac{3}{2}x$; ZS; Max Min für $x=\mp\frac{2}{3}\sqrt{3}=\mp 1,15$ und $y=\pm\frac{4}{9}\sqrt{3}=\pm 0,77$; W für $x=0$, $y=0$, $y'=-1$, $\alpha=-45°$.

b) $y'=x^3-2$; $y''=3x^2$; Min für $x=\sqrt[3]{2}=1,26$ und $y=-\frac{3}{2}\sqrt[3]{2}=-1,89$; $y''=0$ für $x=0$, $y=0$, $y'=-2$, $\alpha=-63°26'$, aber keinen W, da $y'''=0$ und $y''''=6$.

c) $y'=x^3-2x$; $y''=3x^2-2$; SY; Max für $x=0$, $y=0$; Min für $x=\pm\sqrt{2}=\pm 1,41$, $y=-1$; W für $x=\pm\frac{1}{3}\sqrt{6}=\pm 0,82$, $y=-\frac{5}{9}=-0,56$, $y'=\mp 1,0887$, $\alpha=\mp 47°26'$.

d) $y'=\frac{1}{15}x^4-x^2$; $y''=\frac{4}{15}x^3-2x$; ZS; Max Min für $x=\mp\sqrt{15}=\mp 3,87$, $y=\pm 7,75$; W für $x=0$, $y=0$, $y'=0$, $\alpha=0°$ und $x=\pm\frac{1}{2}\sqrt{30}=\pm 2,74$, $y=\mp\frac{7}{8}\sqrt{30}=\mp 4,79$, $y'=-3,75$, $\alpha=-75°4'$.

e) $y'=3x^2-4x-1$; $y''=6x-4$; Max Min für $x=\frac{2}{3}\mp\frac{1}{3}\sqrt{7}=-0,22$; $1,55$ und $y=\frac{1}{27}(20\pm 14\sqrt{7})=2,11$; $-0,63$; W für $x=0,67$, $y=0,74$, $y'=-\frac{7}{3}$, $\alpha=-66°48'$.

f) $y'=\frac{1}{5}(2x^3-5x)$; $y''=\frac{1}{5}(6x^2-5)$; SY; Max für $x=0$, $y=0,4$; Min für $x=\pm\frac{1}{2}\sqrt{10}=\pm 1,58$, $y=-0,225$; W für $x=\pm\frac{1}{6}\sqrt{30}=\pm 0,91$, $y=0,05$, $y'=\mp 0,6086$, $\alpha=\mp 31°19'$.

g) $y' = \frac{2}{5}x^3 + x^2$; $y'' = \frac{6}{5}x^2 + 2x$; Min für $x = -2{,}5$, $y = -1{,}3$; W für $x = 0$, $y = 0$, $y' = 0$, $\alpha = 0^\circ$ und $x = -1{,}67$, $y = -0{,}77$, $y' = 0{,}9259$, $\alpha = 42^\circ 48'$.

(10) a) $16x - 8$; 16; b) $x - 7\frac{3}{4}$; 1; c) $18x^2 + 16x - 9$; $36x + 16$; 36; d) $9x^2 + 2x - 10$; $18x + 2$; 18; e) $18x - 12$; 18; f) $48x^5 - 144x^3 + 108x$; $240x^4 - 432x^2 + 108$; $960x^3 - 864x$; $2880x^2 - 864$; $5760x$; 5760; g) $27x^2 - 48x - 44$; $54x - 48$; 54; h) $2\frac{1}{2}x^4 - 13x^3 + 6x^2 + 24x$; $10x^3 - 39x^2 + 12x + 24$; $30x^2 - 78x + 12$; $60x - 78$; 60.

---

§ 6. Rationale gebrochene Funktionen.

(1) a) $y = \frac{200}{x} - x$; b) $y = \frac{4000}{3x^2}$.

$x =$	1	2	3	4	5	6	7	8	9	10 dm
a) $y =$	199	98	63,67	46	35	27,33	21,57	17	13,22	10 "
b) $y =$	1333	333,3	148,15	83,33	53,33	37,04	27,21	20,83	16,46	13,33 "

$x =$	11	12	13	14	15	16	17	18	19	20 dm
a) $y =$	7,18	4,67	2,38	0,29						"
b) $y =$	11,02	9,26	7,89	6,8	5,93	5,21	4,61	4,12	3,69	3,33 "

(2) a) $y = \frac{200}{x} - 2x$; b) $y = \frac{4000}{3x^2} - \frac{4}{3}x$.

(3) $y = \frac{200}{x} - \frac{4}{3}x$. (4) $y = \frac{4000}{3x^2} - \frac{2}{3}x$.

$x =$	1	2	3	4	5	6	7	8	9	10 dm
2a) $y =$	198	96	60,67	42	30	21,33	14,57	9	4,22	0 "
2b) $y =$	1332	330,7	144,15	78	46,67	29,04	17,88	10,16	4,46	0 "
3) $y =$	198,7	97,33	62,67	44,67	33,33	25,33	19,24	14,33	10,22	6,67 "
4) $y =$	1333	332	146,15	80,67	50	33,04	22,54	15,50	10,46	6,67 "

ferner zu 3) $y = 3{,}51$; $0{,}67$ für $x = 11$; 12; zu 4) $y = 3{,}69$; $1{,}26$ für $x = 11$; 12.

(5) $i = \frac{3}{1 + 2w_a}$. (6a) $i = \frac{3n}{n + 2w_a}$. (6b) $i = \frac{3n}{1 + 2nw_a}$.

(7a) $i = \frac{3n}{n + 2w_a}$. (7b) $i = \frac{3n}{1 + 2nw_a}$. (8a) α) $i = \frac{6}{0{,}4 + w_a}$;

β) $i = \frac{30}{2{,}5 + 4w_a}$; γ) $i = \frac{15}{2{,}5 + w_a}$; δ) $i = \frac{3}{0{,}1 + w_a}$. (8b) $i = \frac{36}{0{,}5m + nw_a}$.

	$w_a =$	0	1	2	3	4	5	6	7	8	9	10
5	$i =$	3	1	0,6	0,43	0,33	0,27	0,23	0,2	0,18	0,16	0,14
6a	$n = 2;\ i =$	3	1,5	1	0,75	0,6	0,5	0,43	0,375	0,33	0,3	0,27
	$n = 3;\ i =$	3	1,8	1,29	1	0,82	0,69	0,6	0,53	0,47	0,43	0,39
	$n = 4;\ i =$	3	2	1,5	1,2	1	0,86	0,75	0,67	0,6	0,55	0,5
	$n = 5;\ i =$	3	2,14	1,67	1,36	1,15	1	0,88	0,79	0,71	0,65	0,6
6b	$n = 2;\ i =$	6	1,2	0,67	0,46	0,35	0,29	0,24	0,21	0,18	0,16	0,15
	$n = 3;\ i =$	9	1,29	0,69	0,47	0,36	0,29	0,24	0,21	0,18	0,16	0,15
	$n = 4;\ i =$	12	1,33	0,71	0,48	0,36	0,29	0,24	0,21	0,18	0,16	0,15
	$n = 5;\ i =$	15	1,36	0,71	0,48	0,37	0,29	0,25	0,21	0,19	0,16	0,15
8a	α) $i =$	15	4,29	2,5	1,76	1,36	1,11	0,94	0,81	0,71	0,64	0,58
	β) $i =$	12	4,62	2,86	2,07	1,62	1,33	1,13	0,98	0,87	0,78	0,71
	γ) $i =$	6	4,29	3,33	2,73	2,31	2	1,77	1,58	1,43	1,30	1,2
	δ) $i =$	30	2,73	1,43	0,97	0,73	0,59	0,49	0,42	0,37	0,33	0,30

Tabellen zu den Aufgaben 5–8.

	$n =$	1	2	3	4	5	6	7	8	9	10	11	12
7a	$w_a = 1;\ i =$	1	1,5	1,8	2	2,14	2,25	2,33	2,4	2,45	2,5	2,54	2,57
	$w_a = 2;\ i =$	0,6	1	1,29	1,5	1,67	1,8	1,91	2	2,08	2,14	2,20	2,25
	$w_a = 3;\ i =$	0,43	0,75	1	1,2	1,36	1,5	1,62	1,71	1,80	1,875	1,94	2
	$w_a = 4;\ i =$	0,33	0,6	0,82	1	1,15	1,29	1,4	1,5	1,59	1,67	1,74	1,8
	$w_a = 5;\ i =$	0,27	0,5	0,69	0,86	1	1,125	1,24	1,33	1,42	1,5	1,57	1,64
7b	$w_a = 1;\ i =$	1	1,2	1,29	1,33	1,36	1,38	1,4	1,41	1,42	1,43	1,43	1,44
	$w_a = 2;\ i =$	0,6	0,67	0,69	0,71	0,71	0,72	0,72	0,73	0,73	0,73	0,73	0,73
	$w_a = 3;\ i =$	0,43	0,46	0,47	0,48	0,48	0,49	0,49	0,49	0,49	0,49	0,49	0,49
	$w_a = 4;\ i =$	0,33	0,35	0,36	0,36	0,37	0,37	0,37	0,37	0,37	0,37	0,37	0,37
	$w_a = 5;\ i =$	0,27	0,29	0,29	0,29	0,29	0,30	0,30	0,30	0,30	0,30	0,30	0,30
8b	$w_a = 0;\ i =$	3	6	9	12	(15)	18	(21)	24	(27)	(30)	(33)	36
	$w_a = 1;\ i =$	2,77	4,5	5,14	5,14	(4,86)	4,5	(4,13)	3,79	(3,48)	(3,21)	(2,98)	2,77
	$w_a = 2;\ i =$	2,57	3,6	3,6	3,27	(2,90)	2,57	(2,29)	2,06	(1,86)	(1,70)	(1,56)	1,44
	$w_a = 3;\ i =$	2,4	3	2,77	2,4	(2,07)	1,8	(1,58)	1,41	(1,27)	(1,15)	(1,06)	0,97
	$w_a = 4;\ i =$	2,25	2,57	2,25	1,89	(1,61)	1,38	(1,21)	1,07	(0,96)	(0,87)	(0,80)	0,73
	$w_a = 5;\ i =$	2,12	2,25	1,89	1,57	(1,31)	1,125	(0,98)	0,87	(0,78)	(0,70)	(0,64)	0,59

⑨ und ⑩ s. Seite 54.

⑪

	$x=$ -4	-3	-2	-1	-0,5	0	0,5	1	2	3	4
a) $y=$	-0,25	-0,33	-0,5	-1	-2	∞	2	1	0,5	0,33	0,25
b) $y=$	1,33	1,5	2	∞	-1	0	0,33	0,5	0,67	0,75	0,8
c) $y=$	-0,33	-0,5	-1	∞	2	1	0,67	0,5	0,33	0,25	0,2
d) $y=$	0,06	0,1	0,2	0,5	0,8	1	0,8	0,5	0,2	0,1	0,06
e) $y=$	-0,47	-0,6	-0,8	-1	-0,8	0	0,8	1	0,8	0,6	0,47
f) $y=$	-0,07	-0,125	-0,33	∞	1,33	1	1,33	∞	-0,33	-0,125	-0,07
g) $y=$	0,27	0,375	0,67	∞	-0,67	0	0,67	∞	-0,67	-0,375	-0,27
h) $y=$	-0,33	-0,6	∞	0,33	0,13	0	-0,13	-0,33	∞	0,6	0,33
i) $y=$	1,07	1,125	1,33	∞	-0,33	0	-0,33	∞	1,33	1,125	1,07
k) $y=$	0,64	0,56	0,44	0,25	0,11	0	1	∞	4	2,25	1,78
l) $y=$	0,94	0,89	0,75	0	-3	∞	-3	0	0,25	0,89	0,94
m) $y=$	1,67	2,4	∞	-0,67	-0,2	0	0,07	0	∞	1,2	1
n) $y=$	-0,25	-0,32	-0,44	-0,5	-0,22	0	-0,29	∞	0,57	0,35	0,25
o) $y=$	-4,27	-3,375	-2,67	∞	0,17	0	-0,17	∞	2,67	3,375	4,27
p) $y=$	-0,23	-0,30	-0,375	0	6	∞	-6	0	0,375	0,30	0,23

⑪ a) $y' = -\frac{1}{x^2}$; $y'' = \frac{2}{x^3}$; SA_1; SA_2; ZS; $x = \pm\infty, y = 0$; die Achsen sind A; gleichseitige Hyperbel.

b) $y' = \frac{1}{(x+1)^2}$; $y'' = -\frac{2}{(x+1)^3}$; $x = \pm\infty, y = 1$; A sind die Geraden $x = -1$ und $y = 1$.

c) $y' = -\frac{1}{(x+1)^2}$; $y'' = \frac{2}{(x+1)^3}$; $x = \pm\infty, y = 0$; A sind die x-Achse und die Gerade $x = -1$.

d) $y' = -\frac{2x}{(x^2+1)^2}$; $y'' = \frac{6x^2-2}{(x^2+1)^3}$; SY; $x = \pm\infty, y = 0$; A ist die x-Achse; Max für $x = 0, y = 1$; W für $x = \pm\frac{1}{3}\sqrt{3} = \pm 0{,}58$, $y = 0{,}75$, $y' = \mp 0{,}6495$, $\alpha = \mp 33°$.

e) $y' = \frac{2-2x^2}{(x^2+1)^2}$; $y'' = \frac{4x^3-12x}{(x^2+1)^3}$; ZS; $x = \pm\infty, y = 0$; A ist die x-Achse; Max Min für $x = \pm 1$, $y = \pm 1$; W für $x = 0$, $y = 0$, $y' = 2$, $\alpha = 63°26'$ und $x = \pm\sqrt{3} = \pm 1{,}73$, $y = \pm 0{,}87$; $y' = -0{,}25$, $\alpha = -14°2'$.

f) $y' = \frac{2x}{(1-x^2)^2}$; $y'' = \frac{2+6x^2}{(1-x^2)^3}$; SY; $x = \pm\infty, y = 0$; A sind die x =

Achse und die Geraden $x = \pm 1$; Min für $x = 0$, $y = 1$.

g) $y' = \frac{1+x^2}{(1-x^2)^2}$; $y'' = \frac{6x+2x^3}{(1-x^2)^3}$; ZS; $x = \pm\infty$, $y = 0$; A wie in f; W für $x = 0$, $y = 0$, $y' = 1$, $\alpha = 45^\circ$.

h) $y' = \frac{-(x^2+4)}{(x^2-4)^2}$; $y'' = \frac{2x^3+24x}{(x^2-4)^3}$; ZS; $x = \pm\infty$, $y = 0$; A sind die x-Achse und die Geraden $x = \pm 2$; W für $x = 0$, $y = 0$, $y' = -0{,}25$, $\alpha = -14^\circ 2'$.

i) $y' = -\frac{2x}{(x^2-1)^2}$; $y'' = \frac{6x^2+2}{(x^2-1)^3}$; SY; $x = \pm\infty$, $y = 1$; A sind die Geraden $y = 1$ und $x = \pm 1$; Max für $x = 0$, $y = 0$.

k) $y' = -\frac{2x}{(x-1)^3}$; $y'' = \frac{4x+2}{(x-1)^4}$; $x = \pm\infty$, $y = 1$; A sind die Geraden $y = 1$ und $x = 1$; Min für $x = 0$, $y = 0$; W für $x = -0{,}5$, $y = 0{,}11$, $y' = -0{,}2963$, $\alpha = -16^\circ 30'$.

l) $y' = \frac{2}{x^3}$; $y'' = -\frac{6}{x^4}$; SY; $x = \pm\infty$, $y = 1$; A sind die Gerade $y = 1$ und die y-Achse.

m) $y' = \frac{x^2-8x+4}{(x^2-4)^2}$; $y'' = -\frac{2x^3-24x^2+24x-32}{(x^2-4)^3}$; $x = \pm\infty$, $y = 1$; A sind die Geraden $y = 1$ und $x = \pm 2$; Max Min für $x = 4 \mp 2\sqrt{3} = 0{,}54$; $7{,}46$, $y = 0{,}07$; $0{,}93$; W für $x = 11{,}04$ (kub. Gleichung), $y = 0{,}94$, $y' = 0{,}0027$, $\alpha = 9'$.

n) $y' = -\frac{x^4+2x}{(x^3-1)^2}$; $y'' = \frac{2x^6+14x^3+2}{(x^3-1)^3}$; $x = \pm\infty$, $y = 0$; A sind die x-Achse und die Gerade $x = 1$; Max für $x = 0$, $y = 0$; Min für $x = -\sqrt[3]{2} = -1{,}26$; $y = -0{,}53$; W für $x = -0{,}53$, $y = -0{,}24$, $y' = 0{,}7432$, $\alpha = 36^\circ 37'$ und $x = -1{,}90$, $y = -0{,}46$, $y' = -0{,}1494$, $\alpha = -8^\circ 30'$.

o) $y' = \frac{x^4-3x^2}{(x^2-1)^2}$; $y'' = \frac{2x^3+6x}{(x^2-1)^3}$; ZS; $x = \pm\infty$, $y = \pm\infty$; A ist H_1, da für $x = \pm\infty$ $y' = 1$ wird, ferner die Geraden $x = \pm 1$; Max Min für $x = \mp\sqrt{3} = \mp 1{,}73$, $y = \mp 2{,}60$; W für $x = 0$, $y = 0$, $y' = 0$, $\alpha = 0^\circ$.

p) $y' = \frac{3-x^2}{x^4}$; $y'' = \frac{2x^2-12}{x^5}$; ZS; $x = \pm\infty$, $y = 0$; A sind die beiden Achsen; Max Min für $x = \pm\sqrt{3} = \pm 1{,}73$, $y = \pm 0{,}385$;

W für $x = \pm\sqrt{6} = \pm 2{,}45$, $y = \pm 0{,}34$, $y' = -0{,}0833$, $\alpha = -4^\circ 46'$.

(9) **a)** $-\frac{13}{(2x-7)^2}$; $\frac{52}{(2x-7)^3}$; $x = 1\frac{1}{3}$, $y = 0$; $x = 3\frac{1}{2}$, $y = \infty$;

b) $-\frac{1}{(x-1)^2}$; $\frac{2}{(x-1)^3}$; $-\frac{6}{(x-1)^4}$; $x = 0$, $y = 0$; $x = 1$, $y = \infty$;

c) $\frac{x^2+2x}{(x+1)^2}$; $\frac{2}{(x+1)^3}$; $-\frac{6}{(x+1)^4}$; $x = 0$, $y = 0$, $x = -1$, $y = \infty$;

d) $\frac{4x}{(1-x^2)^2}$; $\frac{4+12x^2}{(1-x^2)^3}$; $x = \pm 1$; $y = \infty$;

e) $\frac{2x^2+10x+2}{(2x+5)^2}$; $\frac{42}{(2x+5)^3}$; $x = \pm 1$, $y = 0$; $x = -2\frac{1}{2}$, $y = \infty$;

f) $\frac{2x}{(x^2+1)^2}$; $\frac{2-6x^2}{(x^2+1)^3}$; $x = 0$; $y = 0$;

g) $\frac{4x^2-24x-13}{(x-3)^2}$; $\frac{98}{(x-3)^3}$; $x = -\frac{1}{2}$, $y = 0$; $x = 3$; $y = \infty$;

h) $\frac{2x+4}{(2x+1)^3}$; $\frac{-8x-22}{(2x+1)^4}$; $x = \pm 1$; $y = 0$; $x = -\frac{1}{2}$, $y = \infty$

(10) **a)** $-3x^{-4}$; $12x^{-5}$; $-60x^{-6}$; **b)** $-\frac{4}{3}x^{-3}$; $4x^{-4}$, $-16x^{-5}$; **c)** x^{-5}; $-5x^{-6}$, $30x^{-7}$; **d)** $-2x^{-3}$; $6x^{-4}$; $-24x^{-5}$; **e)** $-x^{-2}$; $2x^{-3}$, $-6x^{-4}$; **f)** $-15x^{-6}$, $90x^{-7}$; $-630x^{-8}$; **g)** $-6x^{-4}+\frac{3}{2}x^{-3}$; $24x^{-5}-\frac{9}{2}x^{-4}$; $-120x^{-6}+18x^{-5}$; **h)** $-18(3x-4)^{-3}$; $162(3x-4)^{-4}$; $-1944(3x-4)^{-5}$. (11) s. Seite 52 und 53.

(12) $y = \frac{1}{x^2}$. (13a) $y = \frac{1}{x^2} \mp \frac{2}{(6-x)^2}$ für $x \lessgtr 6$. (13b) $y = \frac{1}{x^2} \pm \frac{4}{(x-6)^2}$ für $x \lessgtr 6$.

$x =$	0,5	1.	2.	3	4	5	6	7	8	9	10
12) $y =$	4	1	0,25	0,11	0,06	0,04	0,03	0,02	0,02	0,01	0,01
13a) $y =$	3,93	0,92	0,125	−0,11	−0,44	−1,96	$\mp\infty$	2,02	0,52	0,23	0,135
13b) $y =$	4,13	1,16	0,5	0,56	1,06	4,04	$\pm\infty$	−3,98	−0,98	−0,43	−0,24

In A. 13a wird $y = 0$ für $x = 6 : (1+\sqrt{2}) = 2{,}49$.

In A. 13b wird $y' = 0$ für $-\frac{2}{x^3} + \frac{8}{(6-x)^3} = 0$, also Min für $x = \frac{6}{1+\sqrt[3]{4}} = 2{,}32$, $y = 0{,}48$.

§ 7. Algebraische Funktionen.

① a) $v = 2\sqrt{s}$ oder $s = \frac{v^2}{4}$; b) $v = \sqrt{9+2s}$ oder $s = \frac{v^2-9}{2}$;
c) $v = \sqrt{2500 - 19{,}62s}$ oder $s = \frac{2500 - v^2}{19{,}62}$; d) $v = \sqrt{19{,}62h}$ od. $h = \frac{v^2}{19{,}62}$.

	v = 0	1	2	3	4	5	6	7	8	9	10 m
a) s =	0	0,25	1	2,25	4	6,25	9	12,25	16	20,25	25 "
b) s =				0	3,5	8	13,5	20	27,5	36	45,5 "
d) h =	0	0,05	0,20	0,46	0,82	1,27	1,83	2,50	3,26	4,13	5,10 "

	v = 0	5	10	15	20	25	30	35	40	45	50 m
c) s =	127,4	126,1	122,3	116,0	107,0	95,6	81,5	65,0	45,9	24,2	0 "

②

l = 0	0,1	0,2	0,3	0,4	0,5	0,6	0,7	0,8	0,9	1 m
t = 0	0,32	0,45	0,55	0,63	0,71	0,78	0,84	0,90	0,95	1,03 s

③ $V = 4h + 1\frac{2}{3}h^2 = \frac{1}{8}t$; $h = -1{,}2 + \frac{1}{20}\sqrt{576 + 30t}$.

h = 0	0,2	0,4	0,6	0,8	1,0	1,2	1,4	1,5 m
t = 0	6,93	14,93	24,0	34,13	45,33	57,6	70,93	78 Min.

a) 0,91 m; b) 31,5 bezw. 78 Min.

④ Von 24^m an $V' = \frac{5}{3}h^2 + 4h - 3 = \frac{1}{5}(t - 24)$ oder $t = \frac{25}{3}h^2 + 20h + 9$
oder $h = -1{,}2 + \frac{1}{5}\sqrt{9 + 3t}$

h = 0 bis 0,6	0,8	1,0	1,2	1,4	1,5 m
t = wie in A. 3	30,33	37,33	45	53,33	57,75 Min.

a) 1,07 m; b) 28,69 bezw. 57,75 Min.

⑤ a) $\frac{1}{3}x^{-\frac{2}{3}}$; $-\frac{2}{9}x^{-\frac{5}{3}}$; $\frac{10}{27}x^{-\frac{8}{3}}$; b) $x^{-\frac{1}{2}}$; $-\frac{1}{2}x^{-\frac{3}{2}}$; $\frac{3}{4}x^{-\frac{5}{2}}$;
c) $\frac{5}{3}x^{\frac{2}{3}}$; $\frac{10}{9}x^{-\frac{1}{3}}$; $-\frac{10}{27}x^{-\frac{4}{3}}$; d) $\frac{1}{2}x^{-\frac{1}{2}}$; $-\frac{1}{4}x^{-\frac{3}{2}}$; $\frac{3}{8}x^{-\frac{5}{2}}$;
e) $-x^{-\frac{4}{3}}$; $\frac{4}{3}x^{-\frac{7}{3}}$; $-\frac{28}{9}x^{-\frac{10}{3}}$; f) $-\frac{2}{3}x^{-\frac{5}{3}}$; $\frac{10}{9}x^{-\frac{8}{3}}$; $-\frac{80}{27}x^{-\frac{11}{3}}$;
g) $-6x^{-\frac{5}{2}}$; $15x^{-\frac{7}{2}}$; $-\frac{105}{2}x^{-\frac{9}{2}}$; h) $\frac{3}{2}x^{\frac{1}{2}}$; $\frac{3}{4}x^{-\frac{1}{2}}$; $-\frac{3}{8}x^{-\frac{3}{2}}$;
i) $\frac{7}{6}x^{\frac{4}{3}}$; $\frac{14}{9}x^{\frac{1}{3}}$; $\frac{14}{27}x^{-\frac{2}{3}}$; k) $\frac{10}{3}x(5x^2-4)^{-\frac{2}{3}}$; $-\frac{10}{9}(5x^2+12)(5x^2-4)^{-\frac{5}{3}}$;
m) $\frac{1}{2}a(ax+b)^{-\frac{1}{2}}$; $-\frac{1}{4}a^2(ax+b)^{-\frac{3}{2}}$; l) $(3x+2)(3x^2+4x)^{-\frac{1}{2}}$; $-4(3x^2+4x)^{-\frac{3}{2}}$;
n) $-\frac{1}{2}(\frac{2}{3}x-4)^{-\frac{7}{4}}$; $\frac{7}{12}(\frac{2}{3}x-4)^{-\frac{11}{4}}$; o) $\frac{16}{3}(8x-5)^{-\frac{1}{3}}$; $-\frac{128}{9}(8x-5)^{-\frac{4}{3}}$;
p) $\frac{3}{2}(2-x)^{-\frac{5}{2}}$; $\frac{15}{4}(2-x)^{-\frac{7}{2}}$.

6)

	$x = -5$	-4	-3	-2	-1	0	1	2	3	4	5
a) $y =$	2,96	2,57	2,15	1,71	1,26	1	1,26	1,71	2,15	2,57	2,96
b) $y =$	2,88	2,47	2	1,44	0	-1	0	1,44	2	2,47	2,88
c) $y =$	$-4,99$	$-3,98$	$-2,96$	$-1,91$	0	1	1,26	2,08	3,04	4,02	5,01
d) $y =$	$-5,01$	$-4,02$	$-3,04$	$-2,08$	$-1,26$	-1	0	1,91	2,96	3,98	4,99
e)						0	± 1	$\pm 2,83$	$\pm 5,20$	± 8	$\pm 11,18$
f)					0	± 1	$\pm 1,41$	± 3	$\pm 5,29$	$\pm 8,06$	$\pm 11,22$

a) $y' = \frac{\frac{2}{3}x}{\sqrt[3]{(x^2+1)^2}}$; $y'' = \frac{\frac{2}{3}\left(1-\frac{1}{3}x^2\right)}{\sqrt[3]{(x^2+1)^5}}$; SY; Min für $x = 0$, $y = 1$; W für $x = \pm\sqrt{3} = \pm 1,73$, $y = \sqrt[3]{4} = 1,59$, $y' = \pm 0,4583$, $\alpha = \pm 24°37'$; für $x = \pm\infty$ wird $y = \infty$, $y' = 0$, d. h. die Kurve wird immer mehr waagerecht.

b) $y' = \frac{\frac{2}{3}x}{\sqrt[3]{(x^2-1)^2}}$; $y'' = \frac{-\frac{2}{3}\left(1+\frac{1}{3}x^2\right)}{\sqrt[3]{(x^2-1)^5}}$; SY; Min für $x = 0$, $y = -1$; senkrechte W für $x = \pm 1$, $y = 0$, bezüglich $x = \pm\infty$, s. a.

c) $y' = \frac{x^2}{\sqrt[3]{(x^3+1)^2}}$; $y'' = \frac{2x}{\sqrt[3]{(x^3+1)^5}}$; SH_2; W für $x = 0$, $y = 1$, $y' = 0$, $\alpha = 0°$ und senkrechte W für $x = -1$, $y = 0$; für $x = \pm\infty$ wird $y = \pm\infty$ und $y' = 1$, H_1 ist also A.

d) $y' = \frac{x^2}{\sqrt[3]{(x^3-1)^2}}$; $y'' = \frac{-2x}{\sqrt[3]{(x^3-1)^5}}$; SH_2; W für $x = 0$, $y = -1$, $y' = 0$, $\alpha = 0°$ und senkrechte W für $x = 1$, $y = 0$; bezüglich $x = \pm\infty$ s. c.

e) $y' = \pm\frac{3}{2}\sqrt{x}$; $y'' = \pm\frac{3}{4\sqrt{x}}$; SX; Spitze im N mit $y' = 0$, $\alpha = 0°$

f) $y' = \pm\frac{\frac{3}{2}x^2}{\sqrt{x^3+1}}$; $y'' = \frac{\pm\frac{3}{2}x\left(\frac{1}{2}x^3+2\right)}{\sqrt{(x^3+1)^3}}$; W für $x = 0$, $y = \pm 1$, $y' = 0$, $\alpha = 0°$; für $x = -1$, $y = 0$ wird $y' = \infty$, $\alpha = 90°$; für $x = \infty$ wird $y = \pm\infty$, $y' = \pm\infty$, d. h. die Kurve wird immer steiler.

7) a) $y = \frac{2}{5}x + \frac{1}{5}$; $y = -x - 1$; b) $y = x + 2\frac{1}{5}$; $y = -4x - 3\frac{1}{5}$; c) $x = 1$; $y = \frac{1}{3}\sqrt{3}\,x + \frac{1}{6}\sqrt{3}$; $y = -\frac{1}{3}\sqrt{3}\,x - \frac{1}{6}\sqrt{3}$. **8)** $y = \frac{1}{2}x \pm \sqrt{\frac{1}{4}x^2 - \frac{1}{x}}$.

zu **8)**

$x =$	-4	-3	-2	-1	$-0,5$	$-0,2$	2	3	4
$y_1 =$	0,06	0,11	0,22	0,62	1,19	2,14	1,71	2,88	3,94
$y_2 =$	$-4,06$	$-3,11$	$-2,22$	$-1,62$	$-1,69$	$-2,34$	0,29	0,12	0,06

SH_2; A sind die Achsen und H_1; $y' = \frac{y^2-2xy}{x^2-2xy}$; $y'=0$ für $y=2x$, d.h. $x=\sqrt[3]{-0{,}5}=-0{,}79$, $y=-1{,}59$; $y'=\infty$ für $x=2y$, d.h. für $x=\sqrt[3]{4}=1{,}59$, $y=0{,}79$.

(9) $x=\frac{a^2y}{a^2+y^2}=\frac{9y}{9+y^2}$; $y'=\frac{a^2+y^2}{a^2-2xy}$; $y''=\frac{4yy'+2xy'^2}{a^2-2xy}$;

$y=0$	±1	±2	±3	±4	±5	±6	±7	±8
$x=0$	$\pm0{,}9$	$\pm1{,}38$	$\pm1{,}5$	$\pm1{,}44$	$\pm1{,}32$	$\pm1{,}2$	$\pm1{,}09$	$\pm0{,}99$

2S; A ist die y-Achse; $y'=\infty$ für $a^2=2xy$, woraus $x=\pm\frac{1}{2}a=\pm1{,}5$; $y=\pm a=\pm3$; $y''=0$ für $x=0$, $y=0$, $y'=1$, $\alpha=45°$ und $2y=-xy'$, woraus $x=\pm\frac{a}{4}\sqrt{3}=\pm1{,}30$; $y=\pm a\sqrt{3}=\pm5{,}20$, $y'=-8$, $\alpha=-82°52'$.

(10) $y=\pm\sqrt{\frac{x^3}{2a-x}}=\pm\sqrt{\frac{x^3}{6-x}}$; $y'=\frac{3x^2+y^2}{2y(2a-x)}=\pm\frac{x\sqrt{x}\,(3a-x)}{\sqrt{(2a-x)^3}}$;

$x=0$	1	2	3	4	5	6
$y=0$	$\pm0{,}45$	$\pm1{,}41$	±3	$\pm5{,}66$	$\pm11{,}18$	$\pm\infty$

SX; A ist $x=2a=6$; Spitze im N. mit $y'=\pm0$, $\alpha=0°$.

(11) SH_1; $y'=\frac{ay-x^2}{y^2-ax}$; $y'=0$ für $y=\frac{x^2}{2a}$, d.h. $x=a\sqrt[3]{2}=5{,}04$, $y=a\sqrt[3]{4}=6{,}35$ cm; $y'=\infty$ für $x=\frac{y^2}{a}$, d.h. $x=a\sqrt[3]{4}=6{,}35$, $y=a\sqrt[3]{2}=5{,}04$ cm; bezüglich der Achsen s. VI § 8, A. 4 p; A ist $y=-x-a=-x-4$; $y=x$ liefert $x=y=\frac{3}{2}a=6$ cm; $y=\frac{1}{2}x$ liefert $x=\frac{4}{3}a=5{,}33$, $y=\frac{2}{3}a=2{,}67$ cm; $y=-\frac{1}{2}x$ liefert $x=-\frac{12}{7}a=-6{,}86$, $y=\frac{6}{7}a=3{,}43$ cm.

---

§ 8. Trigonometrische und zyklometrische Funktionen.

(3) a) $y'=0$ für $x=(2k+1)\frac{1}{2}\pi$; $y''=0$ für $k\pi$, $\alpha=\pm45°$; b) $y'=0$ für $x=k\pi$; $y''=0$ für $x=(2k+1)\frac{1}{2}\pi$, $\alpha=\mp45°$; $k=0;\pm1;\pm2$ usw.

(7) $y''=0$ beim tg für $x=k\pi$, $\alpha=45°$, bei cot für $x=(2k+1)\frac{1}{2}\pi$, $\alpha=-45°$; y' bei tg stets positiv, bei cot stets negativ.

(8) a) $\cos x-\sin x$; $-\sin x-\cos x$; b) $\cos x+\sin x$; $-\sin x+\cos x$; c) $2\cos 2x$; $-4\sin 2x$; d) $-2\sin 2x$; $-4\cos 2x$; e) $-3\sin(3x-\frac{\pi}{2})$; $-9\cos(3x-\frac{\pi}{2})$; f) $-9\cos x:\sin^2 x$; $9(1+\cos^2 x):\sin^3 x$; g) $\frac{9\sin x}{\cos^2 x}$; $\frac{9(1+\sin^2 x)}{\cos^3 x}$; h) $\sin 2x$; $2\cos 2x$; i) $-\sin 2x$; $-2\cos 2x$;

k) $\cos 2x$; $-2\sin 2x$; l) $-2\sin 2x$; $-4\cos 2x$; m) $\frac{a}{x^2}\cdot\sin\frac{a}{x}$; $-\frac{a}{x^3}\left(2\sin\frac{a}{x}+\frac{a}{x}\cos\frac{a}{x}\right)$; n) $\cos x(3\sin^2 x-2)$; $\sin x(8-9\sin^2 x)$; o) $\sin x + x\cos x$; $2\cos x - x\sin x$; p) $x(2\cos x - x\sin x)$; $\cos x(2-x^2)-4x\sin x$; q) $\frac{\sin 2x}{\cos^2 2x}$; $\frac{2(1+\sin^2 2x)}{\cos^3 2x}$.

(9) a) $y'=0$, (da $y=1$); b) $y'=\cos(x+\alpha)$, (da $y=\sin(x+\alpha)$); c) $y'=-\sin(x+\alpha)$, (da $y=\cos(x+\alpha)$). (10) a) $\frac{3}{\cos^2 3x}$; b) $\frac{1}{\sin^2(\pi-x)}$; c) $\frac{2\sin x}{\cos^3 x}$; d) $\frac{-2\cos x}{\sin^3 x}$. (13) a) $\frac{2}{\sqrt{1-4x^2}}$; b) $=\frac{-2}{\sqrt{1-4x^2}}$; c) $\frac{3}{1+9x^2}$.

(14) x sei der Zentriwinkel (im Bogenmaß), y die Wassermenge, $y=\frac{1}{2}(x-\sin x)$.

x =	0°	20°	40°	60°	80°	100°	120°	140°	160°	180°
y =	0	0,0035	0,028	0,091	0,206	0,380	0,614	0,900	1,225	1,571

x =	200°	220°	240°	260°	280°	300°	320°	340°	360°	
y =	1,916	2,241	2,527	2,761	2,936	3,051	3,114	3,138	3,142	cbm

$y'=\frac{1}{2}-\frac{1}{2}\cos x$; $y''=\frac{1}{2}\sin x$; W für $x=0°$ und $360°$, $y=0$, $y'=0$, $\alpha=0°$ und für $x=180°$, $y=1{,}571$, $y'=1$, $\alpha=45°$.

(15) t in Tausendstel Sekunden.

t =	0	1	2	2,5	3	4	5	6	7	7,5	8	9	10
a) y =	0	0,59	0,95	1	0,95	0,59	0	−0,59	−0,95	−1	−0,95	−0,59	0
b) y =	0	1,18	1,90	2	1,90	1,18	0	−1,18	−1,90	−2	−1,90	−1,18	0
c) y =	−2	−1,62	−0,62	0	0,62	1,62	2	1,62	0,62	0	−0,62	−1,62	−2

$y=0$ für a) $t=0;\ 5;\ 10$; b) desgl., c) $t=2{,}5;\ 7{,}5$; $y'=0$ für a) $t=2{,}5;\ 7{,}5$; b) desgl.; c) $t=0;\ 5;\ 10$; $y''=0$ für a) $t=0;\ 5;\ 10$; b) desgl.; c) $t=2{,}5;\ 7{,}5$.

(16) t in Tausendstel Sekunden.

t =	0	1	2	2,5	3	4	5	6	7	7,5	8	9	10
a) y =	0	1,54	1,54	1	0,36	−0,36	0	3,6	−3,6	−1	−1,54	−1,54	0
b) y =	−1	−0,22	0,64	1	1,26	1,40	1	0,22	−0,64	−1	−1,26	−1,40	−1
c) y =	0	1,77	2,85	3	2,85	1,77	0	−1,77	−2,85	−3	−2,85	−1,77	0
d) y =	0	1,40	1,90	1,71	1,26	0	−1	−1,18	−0,64	−0,29	0	0,22	0:

Die Fragen sind aus der Zeichnung zu beantworten.

17

	$x =$	0	$\pm\frac{1}{8}\pi$	$\pm\frac{1}{4}\pi$	$\pm\frac{3}{8}\pi$	$\pm\frac{1}{2}\pi$	$\pm\frac{5}{8}\pi$	$\pm\frac{3}{4}\pi$	$\pm\frac{7}{8}\pi$	$\pm\pi$	
a)	$y =$	0	±0,71	±1	±0,71	0	∓0,71	∓1	∓0,71	0	usw.
b)	$y =$	1	0,71	0	−0,71	−1	−0,71	0	0,71	1	"
c)	$y =$	0	0,15	0,50	0,85	1	0,85	0,50	0,15	0	"
d)	$y =$	1	0,85	0,50	0,15	0	0,15	0,50	0,85	1	"
e)	$y =$	1	1,31	1,41	1,31	1	0,54	0	−0,54	−1	für positive Winkel
f)	$y =$	−1	−0,54	0	0,54	1	1,31	1,41	1,31	1	
g)	$y =$	0	0,15	0,56	1,09	1,57	1,81	1,67	1,05	0	
h)	$y =$	0	±0,36	±0,56	±0,45	0	∓0,75	∓1,67	∓2,54	∓3,14	
i)	$y =$	0	±0,78	±1,49	±2,10	±2,57	±2,89	±3,06	±3,13	±3,14	
k)	$y =$	0	±0,01	±0,08	±0,25	±0,57	±1,04	±1,65	±2,37	±3,14	
l)	$y =$	1	1,32	1,49	1,56	1,57	1,58	1,65	1,82	2,14	für positive Winkel
m)	$y =$	−1	−0,53	0,08	0,80	1,57	2,35	3,06	3,67	4,14	

Fortsetzung für 17 e – m

	$x =$	$\pm\frac{9}{8}\pi$	$\pm\frac{5}{4}\pi$	$\pm\frac{11}{8}\pi$	$\pm\frac{3}{2}\pi$	$\pm\frac{13}{8}\pi$	$\pm\frac{7}{4}\pi$	$\pm\frac{15}{8}\pi$	$\pm 2\pi$	
e)	$y =$	−1,31	−1,41	−1,31	−1	−0,54	0	0,54	1	für positive Winkel
f)	$y =$	0,54	0	−0,54	−1	−1,31	−1,41	−1,31	−1	
g)	$y =$	−1,35	−2,78	−3,99	−4,71	−4,72	−3,89	−2,26	0	
h)	$y =$	∓3,26	∓2,78	∓1,65	0	±1,96	±3,89	±5,44	±6,28	
i)	$y =$	±3,15	±3,22	±3,40	±3,71	±4,18	±4,79	±5,51	±6,28	
k)	$y =$	±3,92	±4,63	±5,24	±5,71	±6,03	±6,20	±6,27	±6,28	
l)	$y =$	2,61	3,22	3,94	4,71	5,49	6,20	6,81	7,28	für positive Winkel.
m)	$y =$	4,46	4,63	4,70	4,71	4,72	4,79	4,97	5,28	

a) $y' = 2\cos 2x$; $y'' = -4\sin 2x$; ZS; $y = 0$ für $x = k\cdot\frac{1}{2}\pi$; $y' = 0$ für $x = (2k+1)\frac{1}{4}\pi$, $y = \pm 1$, abwechselnd Max und Min; W für $x = k\cdot\frac{1}{2}\pi$, $y = 0$, $y' = \pm 2$, $\alpha = \pm 63^\circ 26'$.

b) $y' = -2\sin 2x$; $y'' = -4\cos 2x$; SY; $y = 0$ für $x = (2k+1)\frac{1}{4}\pi$; $y' = 0$ für $x = k\cdot\frac{1}{2}\pi$, $y = \pm 1$, abwechselnd Max und Min; W für $x = (2k+1)\cdot\frac{1}{4}\pi$, $y = 0$, $y' = \mp 2$, $\alpha = \mp 63^\circ 26'$.

c) $y' = \sin 2x$; $y'' = 2\cos 2x$; SY; $y = 0$ für $x = k\pi$; $y' = 0$ für $x = k\cdot\frac{1}{2}\pi$, y abwechselnd 0 (Min) und 1 (Max); W für $x = (2k+1)\cdot\frac{1}{4}\pi$, $y = 0{,}5$, $y' = \pm 1$, $\alpha = \pm 45^\circ$.

d) $y' = -\sin 2x$; $y'' = -2\cos 2x$; SY; $y = 0$ für $x = (2k+1)\frac{1}{2}\pi$; $y' = 0$ für $x = k \cdot \frac{1}{2}\pi$, y abwechselnd 1 (Max) und 0 (Min); W für $x = (2k+1)\frac{1}{4}\pi$, $y = 0{,}5$, $y' = \mp 1$, $\alpha = \mp 45°$.

e) $y' = \cos x - \sin x$; $y'' = -\sin x - \cos x$; $y = 0$ für $\operatorname{tg} x = -1$, also $x = \frac{3}{4}\pi \pm k\pi$; $y' = 0$ für $\operatorname{tg} x = 1$, $x = \frac{1}{4}\pi \pm k\pi$, $y = \pm\sqrt{2} = \pm 1{,}41$, abwechselnd Max und Min; W für $x = \frac{3}{4}\pi \pm k\pi$, $y = 0$, $y' = \mp\sqrt{2} = \mp 1{,}4142$, $\alpha = \mp 54°44'$; die y-Werte für negative Winkel sind die entsprechenden von f mit entgegengesetztem Vorzeichen.

f) $y' = \cos x + \sin x$; $y'' = -\sin x + \cos x$; $y = 0$ für $\operatorname{tg} x = 1$, also $x = \frac{1}{4}\pi \pm k\pi$; $y' = 0$ für $\operatorname{tg} x = -1$, $x = \frac{3}{4}\pi \pm k\pi$, $y = \pm\sqrt{2} = \pm 1{,}41$, abwechselnd Max und Min; W für $\operatorname{tg} x = 1$, $x = \frac{1}{4}\pi \pm k\pi$, $y = 0$, $y' = \pm\sqrt{2} = \pm 1{,}4142$, $\alpha = \pm 54°44'$; die y-Werte für negative Winkel sind die entsprechenden von e mit entgegengesetztem Vorzeichen.

g) $y' = \sin x + x\cos x$; $y'' = 2\cos x - x\sin x$; SY; $y = 0$ für $x = k\pi$; $y' = 0$ s. II § 5, A 26a; $y'' = 0$ s. II § 5, A 29b.

h) $y' = \cos x - x\sin x$; $y'' = -2\sin x - x\cos x$; ZS; $y = 0$ für $x = 0$ und $x = (2k+1) \cdot \frac{1}{2}\pi$; $y' = 0$ s. II § 5, A 26b; $y'' = 0$ s. II § 5, A 29a.

i) $y' = 1 + \cos x$; $y'' = -\sin x$; ZS; $y = 0$ für $x = 0$; W für $x = \pm(2k+1)\pi$ mit $y' = 0$, $\alpha = 0°$ und $x = \pm 2k\pi$ mit $y' = 2$, $\alpha = 63°26'$.

k) $y' = 1 - \cos x$, $y'' = \sin x$; ZS; $y = 0$ für $x = 0$; W für $x = \pm 2k\pi$ mit $y' = 0$, $\alpha = 0°$ und $x = \pm(2k+1)\pi$ mit $y' = 2$, $\alpha = 63°26'$.

l) $y' = 1 - \sin x$; $y'' = -\cos x$; durch Vergleich der cos-Tafel mit der Tafel für das Bogenmaß der Winkel findet man $y = 0$ für $-43° < x < -42°$; W für $\frac{1}{2}\pi \pm k \cdot 2\pi$ mit $y' = 0$, $\alpha = 0°$ und $x = \frac{3}{2}\pi \pm k \cdot 2\pi$ mit $y' = 2$, $\alpha = 63°26'$; die y-Werte für negative W. sind die von m mit entgegenges. Vorz.

m) $y' = 1 + \sin x$; $y'' = \cos x$; $y = 0$ für $42° < x < 43°$ (vgl. l); W für $x = \frac{3}{2}\pi \pm k \cdot 2\pi$ mit $y' = 0$, $\alpha = 0°$ und $x = \frac{\pi}{2} \pm k \cdot 2\pi$ mit $y' = 2$, $\alpha = 63°26'$; die y-Werte für negative Winkel sind die von l mit entgegengesetztem Vorzeichen.

§9. Logarithmische und Exponentialfunktionen.

② a) $-e^{-x}$; e^{-x}; b) $\frac{1}{2}(e^x - e^{-x})$; $\frac{1}{2}(e^x + e^{-x})$; c) $\frac{1}{2}(e^x + e^{-x})$; $\frac{1}{2}(e^x - e^{-x})$; d) $e^x(1+x)$; $e^x(2+x)$; e) $xe^x(2+x)$; $e^x(2 + 4x + x^2)$; f) $2e^{2x}$; $4e^{2x}$; g) $3e^{3x-4}$; $9e^{3x-4}$; h) ae^{ax+b}; a^2e^{ax+b}; i) $-2xe^{-x^2}$; $2e^{-x^2}(2x^2-1)$. ③ a) $-a^{-x}la$; $a^{-x}(la)^2$; b) $3a^{3x}la$; $9a^{3x}(la)^2$; c) $4a^{4x-3}la$; $16a^{4x-3}(la)^2$; d) $ba^{bx+c}la$; $b^2a^{bx+c}(la)^2$; e) $a^x(1+xla)$; $a^x la(2+xla)$.

④ a) $\frac{1}{x+1}$; $-\frac{1}{(x+1)^2}$; b) $-\frac{1}{1-x}$; $-\frac{1}{(1-x)^2}$; c) $\frac{2}{1-x^2}$; $\frac{4x}{(1-x^2)^2}$; d) $lx+1$; $\frac{1}{x}$; e) $\frac{1-lx}{x^2}$; $\frac{2lx-3}{x^3}$; f) $2xlx + x$; $2lx+3$; g) $l(x+1) + \frac{x}{x+1}$; $\frac{x+2}{(x+1)^2}$; h) $\frac{\log e}{x-1}$; $-\frac{\log e}{(x-1)^2}$; i) $\frac{-2\log e}{1-x^2}$; $\frac{-4x\log e}{(1-x^2)^2}$; k) $\frac{-2x\log e}{1-x^2}$; $-\frac{2(1+x^2)\log e}{(1-x^2)^2}$.

⑤ Zahlenwerte von e^x s. Rechentafeln; $y' = e^x$, also $\operatorname{tg}\alpha = \frac{y}{1}$; trage vom Fußpunkt der Ordinate die Längeneinheit nach links ab und verbinde den Endpunkt mit dem Kurvenpunkt; für $x = 0$ ist $y' = 1$, $\alpha = 45°$

⑥

	x =	−4	−3	−2	−1	0	1	2	3	4
a)	y =	0,06	0,125	0,25	0,5	1	2	4	8	16
b)	y =	0,0001	0,001	0,01	0,1	1	10	100	1000	10000,

im übrigen wie 5.

⑦

x =	0,1	0,2	0,3	0,4	0,5	0,6	0,7	0,8	0,9	1	2	3
y =	0,79	0,72	0,70	0,69	0,71	0,74	0,78	0,84	0,91	1	4	27

Für negative x ist y unstetig; für $x = 0$ ergibt sich der unbestimmte Ausdruck $y = 0^0$; ist aber $x = \frac{1}{10^n}$, so wird $\log y = x \log x = 10^{-n} \cdot (-n) = -\frac{n}{10^n}$ mit dem Grenzwert 0 für $n = \infty$, daher $\lim y = 1$.

$ly = xlx$; $y' = x^x(lx+1)$; $y' = 0$ für $x = \frac{1}{e} = 0{,}37$, $y = 0{,}69$ (Min); für $x = 0$ ist $y' = -\infty$, $\alpha = 90°$; für $x = 1$ ist $y' = 1$, $\alpha = 45°$.

⑧ Zahlenwerte in den Rechentafeln. a) $y' = \frac{1}{x}$; b) $y' = \frac{\log e}{x}$; trage auf der Ordinate von der x-Achse nach oben die Strecke a) 1,

b) $\log e = 0{,}4343$ ab, verbinde den Endpunkt mit dem N und ziehe die Parallele durch den Kurvenpunkt. a) $x = 1,\ y' = 1,\ \alpha = 45°$. b) $x = 1,\ y' = \log e = 0{,}4343,\ \alpha = 23°29'$.

9) **Vorbemerkung**: Zu verschiedenen Grenzwertbestimmungen ist die Kenntnis des in VI §7 befolgten Verfahrens notwendig. Diese Fälle sind mit einem Sternchen (*) bezeichnet.

$x =$	0	±0,1	±0,3	±0,5	±0,7	±0,9	±1	±2	±3
a) $y =$	1	0,99	0,91	0,78	0,61	0,44	0,37	0,02	
b) $y =$	0	0,11	0,40	0,82	1,41	2,21	2,72	14,78	60,26
		−0,09	−0,22	−0,30	−0,35	−0,37	−0,37	−0,27	−0,15
c) $y =$	∞	11,05	4,50	3,30	2,88	2,73	2,72	3,69	6,70
		−9,05	−2,47	−1,21	−0,71	−0,45	−0,37	−0,07	−0,02

a) $y' = -2x e^{-x^2}$, $y'' = 2e^{-x^2}(2x^2-1)$; SG, $y' = 0$ für $x = 0$, $y = 1$ (Max) und für $x = \pm\infty^*$, $y = 0$, A; W für $x = \pm\frac{1}{2}\sqrt{2} = \pm 0{,}71$, $y = e^{-0,5} = 0{,}61$, $y' = \mp\sqrt{2}\, e^{-0,5} = \mp 0{,}8577$, $\alpha = \mp 40°37'$.

b) $y' = e^x(x+1)$; $y'' = e^x(x+2)$; $x = 0$; $y = 0$, $y' = 1$, $\alpha = 45°$; $y' = 0$ für $x = -1$ (Min) und für $x = -\infty^*$, $y = 0$, A; W für $x = -2$, $y = -0{,}27$, $y' = -0{,}1353$, $\alpha = -7°42'$.

c) $y' = e^x(x-1) : x^2$; $y'' = e^x(x^2-2x+2) : x^3$; $x = 0$, $y = \infty$, $y' = \infty$; $x = 0$ ist A; $y' = 0$ für $x = 1$, $y = 2{,}72$ (Min) u. $x^* = -\infty$, $y = 0$, A.

$x =$	0	0,1	0,3	0,5	0,7	0,9	1	2	3	4	5	6
d) $y =$	0*	−0,23	−0,36	−0,35	−0,25	−0,09	0	1,39	3,30	5,55	8,05	10,75
e) $y =$	0*	−0,1	−0,16	−0,15	−0,11	−0,04	0	0,60	1,43	2,41	3,495	4,67
f) $y =$	−∞	−23,03	−4,01	−1,39	−0,51	−0,12	0	0,35	0,37	0,35	0,32	0,30
g) $y =$	−∞	−10	−1,74	−0,60	−0,22	−0,05	0	0,15	0,16	0,15	0,14	0,13

d) $y' = lx + 1$; $y'' = \frac{1}{x}$; $x = 0$, $y = \lim \frac{lx}{1:x} = 0^*$, $y' = -\infty$, $\alpha = 90°$; $x = 1$, $y = 0$, $y' = 1$, $\alpha = 45°$; Min für $x = e^{-1} = 0{,}37$, $y = -0{,}37$.

e) $y' = \log x + \log e$; $y'' = \frac{\log e}{x}$; $x = 0$, $y = \lim \frac{\log x}{1:x} = 0^*$, $y' = -\infty$, $\alpha = 90°$; $x = 1$, $y = 0$, $y' = 0{,}4343$, $\alpha = 23°29'$; Min für $x = e^{-1} = 0{,}37$, $y = -0{,}16$.

f) $y' = \frac{1-lx}{x^2}$; $y'' = \frac{2lx-3}{x^3}$; $x = 0$, $y = \infty$, $y' = \infty$; $x = 0$ ist A;

$x = 1$, $y = 0$, $y' = 1$, $\alpha = 45°$; $y' = 0$ für $x = e = 2{,}72$, $y = 0{,}37$ (Max) und $x = \infty^*$, $y = 0$, A; W für $x = e^{1,5} = 4{,}48$, $y = 0{,}33$, $y' = -0{,}0249$, $\alpha = -1°26'$.

g) $y' = \dfrac{\log e - \log x}{x^2}$; $y'' = \dfrac{2\log x - 3\log e}{x^3}$; $x = 0$, $y = \infty$, $y' = \infty$; $x = 0$ ist A; $x = 1$, $y = 0$, $y' = 0{,}4343$, $\alpha = 23°29'$; $y' = 0$ für $x = e = 2{,}72$, $y = 0{,}16$ (Max) und für $x = \infty^*$, $y = 0$, A, W für $x = e^{1,5} = 4{,}48$, $y = 0{,}15$, $y' = -0{,}0108$, $\alpha = -0°37'$.

---

§ 10. Fehlerrechnung. Mittelwertsatz.

①②③ 6,24 auszuscheiden; Mittel 48 m : 8 = 6 m; Lösungen zu A. 3 das Hundertfache der Lösungen zu A. 2.

l	Δl	$\frac{\Delta l}{l}$	l	Δl	$\frac{\Delta l}{l}$
6,01 m	+0,01 m	+0,0017	6,00 m	0 m	0
6,03 m	+0,03 m	+0,005	6,04 m	+0,04 m	+0,0067
5,98 m	−0,02 m	−0,0033	5,95 m	−0,05 m	−0,0083
5,97 m	−0,03 m	−0,005	6,02 m	+0,02 m	+0,0033

④ Mittel 183,60 a : 4 = 45,90 a; $\Delta i = -0{,}25$; $+0{,}44$; $-0{,}08$; $-0{,}11$ a; $\frac{\Delta i}{i} = -0{,}0054$; $+0{,}0096$; $-0{,}0017$; $-0{,}0024$.

⑤ a) Mittel 7,97 : 10 ≈ 0,80; $\frac{100\,\Delta s}{s} = -7{,}5$; $-3{,}75$ (2×); $-2{,}5$; 0; $+1{,}25$ (3×); $+3{,}75$; $+6{,}25$; b) Mittel 0,000109 : 10 = 0,000011; $\frac{100\,\Delta\alpha}{\alpha} = -18{,}2$ (2×); $-9{,}1$ (3×); 0; $+9{,}1$ (2×); $+18{,}2$ (2×).

⑥ 1195300 : 4 = 298800; $\frac{100\,\Delta c}{c} = -0{,}57$; $-0{,}20$; $+1{,}07$; $-0{,}27$

⑦ $\frac{100\,\Delta\alpha}{\alpha} = +0{,}082$; $+0{,}246$; $-0{,}082$; $-0{,}055$; $+0{,}818$; $+4{,}911$.

⑧ a) 0,0175 (0,024) %; b) 0,032 (0,043) %.

⑨

$s =$	10	20	30	40	50	60	70	80	90	100 m
$d =$	0,06	0,09	0,11	0,13	0,15	0,16	0,17	0,19	0,20	0,21 m
$d : s =$	0,006	0,0045	0,004	0,003	0,003	0,003	0,002	0,002	0,002	0,002
$100\,d : s =$	0,64	0,45	0,37	0,32	0,29	0,27	0,25	0,23	0,22	0,21

⑩

$F =$	10	20	30	40	50	60	70	80	90	100 a
$d : F =$	0,025	0,017	0,014	0,012	0,011	0,010	0,009	0,009	0,008	0,008
$d =$	0,25	0,35	0,43	0,49	0,55	0,61	0,66	0,70	0,75	0,79 a
$100\,d : F =$	2,45	1,74	1,42	1,23	1,10	1,01	0,94	0,88	0,83	0,79

⑪ $u = 206,40$ m; a) 6 cm = 0,029 %; b) 2,064 = 1 %.
⑫ a) 4,51 %; b) 0,04 %; c) 0,051 %; d) 0,00023 %.
⑬ $\Delta i = 0,4212$ qm; 0,108 %. ⑭ $(a+\Delta l)(b+\Delta l)(c+\Delta l) \approx abc + (ab+ac+bc)\Delta l$; $\Delta V \approx 878$ cmm; 7,4 %. ⑮ 0,005 sec.
⑯ 0,0125 mm. ⑰ $\frac{1}{2}$ Einheit ($\frac{1}{2}$ E.). ⑱ a) 1 E.; b) $n \cdot \frac{1}{2}$ E.; c) $n \cdot \frac{1}{2}$ E. ⑲ 2 mal abgerundet, also 1 E. ⑳ 2 E.
㉑ Fehler im Dividenden a) 0,34 E.; b) 0,28 E.; c) 0,49 E.; im Ergebnis a) 0,17 E.; b) 0,07 E.; c) 0,07 E.; also Fehler im Ergebnis a) $\frac{1}{2}$, b) $\frac{1}{4}$, c) $\frac{1}{7}$ vom Fehler im Dividenden (zu c s. S. 92).
㉒ Es folgen aufeinander in Einheiten der vierten Dezimale: Fehler im Dividenden, Fehler im ungekürzten Ergebnis, Fehler durch Abrundung des Ergebnisses, Gesamtfehler im Ergebnis: a) −0,04; −0,006 (= $\frac{1}{7}$ von 0,04); +0,286 (= $\frac{2}{7}$ E., da $\frac{5}{7}$ E. auf 1 E. abgerundet sind); +0,28; b) +0,28; +0,07 (= $\frac{1}{4}$ davon); −0,25 (da $\frac{1}{4}$ E. auf 0 abgerundet); −0,18; c) +0,49; +0,163 (= $\frac{1}{3}$ davon); −0,333 (da $\frac{1}{3}$ E. auf 0 abgerundet); −0,17; d) −0,47; −0,157 (= $\frac{1}{3}$ davon); −0,333 (wie bei c); −0,49; e) +0,48; +0,24 (= $\frac{1}{2}$ davon); ∓ 0,5 (da $\frac{1}{2}$ E. auf 0 oder 1 E. abgerundet); −0,26 oder +0,74; f) +0,44; +0,11 ($\frac{1}{4}$ davon); ∓ 0,5 (wie bei e); −0,39 oder +0,61.
㉓ Fehler im Logarithmus $< \frac{1}{2}$ E., daher Fehler im ungekürzten Ergebnis $< \frac{1}{2n}$ E.; dazu Fehler durch Abrundung $\frac{1}{2}$ E., wenn n gerade, $\frac{n-1}{2n}$, wenn n ungerade; mithin Fehlergrenze $\frac{1}{2n} + \frac{1}{2} = \frac{n+1}{2n}$ E. bei geradem, $\frac{1}{2n} + \frac{n-1}{2n} = \frac{1}{2}$ E. bei ungeradem n.
㉔ $\frac{1}{2}$ E. ㉕ Bei 4-stelligen Logarithmen: a) $\frac{1}{2} \cdot 2 + \frac{1}{2} = 1\frac{1}{2}$ E.; b) $(\frac{1}{2}+\frac{1}{2})+(\frac{1}{2}+\frac{1}{2})+(\frac{1}{2}+\frac{1}{2}) = 3$ E.; c) $1+2+1 = 4$ E. (wenn die Zahlen vor dem Logarithmieren nicht auf 4 geltende Ziffern abgerundet werden, sonst s. A. 39); d) $\frac{3}{4}$ E. (s. 23); e) $\frac{1}{3} + \frac{1}{3} = \frac{2}{3}$ E.; f) $1 + \frac{1}{2} = 1\frac{1}{2}$ E.; g) $(\frac{1}{2}+1+1) : 3 + \frac{1}{3} = 1\frac{1}{2}$ E. Bei 5-stelligen Logarithmen: a) $1\frac{1}{2}$ E.; b) $\frac{1}{2}+\frac{1}{2}+\frac{1}{2} = 1\frac{1}{2}$ E.; c) 4 E.; d) $\frac{3}{4}$ E.; e) $\frac{1}{6} + \frac{1}{3} = \frac{1}{2}$ E.; f) $1\frac{1}{2}$ E.; g) $(\frac{1}{2}+\frac{1}{2}+1) : 3 + \frac{1}{3} = 1$ E., d. h. Einheiten der fünften Dezimale. Vorausgesetzt wird hierbei, daß die 4- (5-) stelligen Tafeln die Logarithmen von 3 (4) Ziffern angeben, bei mehr Ziffern aber interpoliert werden muß.

(26) a) $y' = 2x$; $\frac{\Delta y}{\Delta x} = 1$; $\xi = 0,5$; b) 2; c) −4; d) 2,5; e) −1; f) $\frac{2}{3}\sqrt{3} = 1,1547$; g) desgl. (27) a) $\frac{1}{2}\pi$; b) π; c) $\cos\xi = \frac{2}{\pi}$; $\xi = 50°27'$; d) $\sin 2\xi = -\frac{2}{\pi}$; $\xi = 109°46{,}'5$; e) $\xi = \frac{\log(e-1)}{\log e} = 0,54$; f) $\xi = e - 1 = 1,7183$; g) $\xi = 9 \log e = 3,9087$.

(28) a) $(\xi^2-1)^2$ müßte gleich −1 sein; zwischen $x_1 = 0$ und $x_2 = 2$ wird y unendlich; b) $\cos^2\xi$ müßte gleich $-\frac{1}{4}\pi$ sein; sonst wie a; c) $\xi = 101,6$ liegt außerhalb des Intervalls; dagegen im zweiten Fall $\xi = 3,01$ (vgl. die Kurve). (31) a) $2 \cdot |\Delta x|$; b) $2 \cdot |\Delta x|$; c) $|\Delta x|$; d) $|\Delta x|$; e) $\frac{61}{81}|\Delta x|$. (32) a) $\Delta y = \frac{5}{16} = \frac{5}{4}|\Delta x|$; b) $\Delta y = -\frac{11}{32}$; $|\Delta y| = \frac{11}{8}|\Delta x|$; c) $\frac{3}{4}|\Delta x|$; d) $\frac{5}{12}|\Delta x|$; e) $\frac{233}{1296}|\Delta x|$ gegenüber $\frac{61}{81}|\Delta x| = \frac{976}{1296}|\Delta x|$. (33) a) $|\Delta x| < 0,0005$, b) desgl.; c) $|\Delta x| < 0,02$; d) desgleichen; e) $|\Delta x| < 0,0133$. (34) a) $|\Delta x|$; b) $0,7071|\Delta x|$; c) $|\Delta x|$; d) $\frac{1}{2}|\Delta x|$; e) $2|\Delta x|$; f) $\frac{4}{3}|\Delta x|$. (35) $1' = 0,00029$; $1'' = 0,000005$; a) 0,00029; 0,000005; b) 0,000205; 0,0000035; c) wie a; d) 0,000145; 0,0000025; e) 0,00058; 0,00001; f) 0,000387; 0,0000067. (36) a) $|\Delta x| < 0,00005$ (0,000005); 10″ (1″); b) $|\Delta x| < 0,000071$ (0,0000071); 15″ (1,″5); c) wie a; d) $|\Delta x| < 0,0001$ (0,00001); 21″ (2″); e) $|\Delta x| < 0,000025$ (0,0000025); 5″ (0,5″); f) $|\Delta x| < 0,0000375$ (0,00000375); 7,″7 (0,8″). (37) a) α) $|\Delta x|$; β) $0,3679|\Delta x|$; γ) $0,1353|\Delta x|$; δ) $\frac{1}{x}|\Delta x|$; b) α) $0,43429|\Delta x|$; β) $0,043429|\Delta x|$; γ) $0,0043429|\Delta x|$; δ) $4,3429|\Delta x|$; ε) $43,429|\Delta x|$; ζ) $\frac{0,43429}{x}|\Delta x|$. (38) a) 0,0043429; b) 0,000353; c) 0,000816; d) 0,0043429. (39) nach 37 b ζ a) 0,000054; b) 0,000067; c) desgl.; d) 0,000217 ohne die noch hinzukommenden Fehler. (40) $|\Delta x| < \frac{x}{0,43429} \cdot 0,00005$ (bzw. 0,000005) oder $< 0,0001152x$ (0,00001152x). (41) a) 0,0032 (0,00032); b) 0,011 (0,00053); c) 0,056 (0,0056); d) 0,00043 (0,000043); e) 0,00037 (0,000028); f) 0,0024 (0,00024); g) 0,0017 (0,000014).

---

(42) $\Delta i \approx \frac{c}{\cos^2\varphi}\Delta\varphi$; $\frac{100\Delta i}{i} \approx \frac{2}{\sin 2\varphi}\cdot 100\Delta\varphi$; wenn $\frac{100\Delta i}{i} < 1$ sein soll, muß $\Delta\varphi < \frac{\sin 2\varphi}{200}$ sein; die Messungen sind am genauesten, wenn $\sin 2\varphi = 1$, also $\varphi = 45°$ ist; 0,17 %; 0,09 %; 0,067 %; 0,059 %; 0,058 %.

(43) $\Delta s \approx \frac{-p}{v^2}\cdot\Delta v \approx 0{,}2$; nein.

(44) $\Delta t \approx \frac{\pi}{2\sqrt{gl}}\Delta l$; $\frac{100\Delta t}{t} \approx \frac{1}{2}\,\frac{100\Delta l}{l}$.

(45) a) $\Delta i \approx \frac{1}{2}ab\cos\gamma\,\Delta\gamma \approx 0{,}087$ qm; wenn $\frac{100\Delta i}{i} < 1$ sein soll, muß $\Delta\gamma < \frac{\operatorname{tg}\varphi}{100}$ oder $< 59'33''$ sein;
b) $\Delta c \approx \frac{ab\sin\gamma}{c}\Delta\gamma \approx 0{,}0084$ m; wenn $\frac{100\Delta c}{c} < 1$ sein soll, muß $\Delta\gamma < \frac{c^2}{100\,ab\sin\gamma}$ oder $< 43'$ sein.

(46) $\Delta f_a \approx \frac{b^2}{(a+b)^2}\Delta a \approx 0{,}08$ cm; $\Delta f_b \approx \frac{a^2}{(a+b)^2}\Delta b \approx 0{,}18$ cm; 0,26 cm.

(47) $\Delta s_p \approx -\frac{q}{(p-q)^2}\Delta p \approx |0{,}059|$; $\Delta s_q \approx -\frac{p}{(p-q)^2}\Delta q \approx |0{,}073|$; $|0{,}132|$.

(48) a) $|\Delta d| \geqq 0{,}5$ mm; $\Delta p \approx \pi\Delta d \approx \pi\cdot 0{,}5$ mm; der durch Δd allein hervorgerufene Fehler ist also schon größer als 1 mm;
b) $|\Delta d| \geqq 0{,}05$ mm; $\Delta p \approx \pi\cdot 0{,}05$ mm; Gesamtfehler $|\Delta p_d| + |\Delta p_\pi| \approx \pi\Delta d + d\Delta\pi < 0{,}5$; $\Delta\pi < (0{,}5 - \pi\cdot 0{,}05) : 284{,}6$ oder $< 0{,}001205$, was für $\pi = 3$; $3{,}14$; $3\frac{1}{7}$ nicht, wohl aber für $\pi = 3{,}1416$ zutrifft.

(49) $\Delta g_l \approx \frac{\pi^2}{t^2}\Delta l$; $\Delta g_t \approx -\frac{2\pi^2 l}{t^3}\Delta t$; zusammen $\left|\frac{\pi^2\left(\Delta l + \frac{2l\Delta t}{t}\right)}{t^2}\right|$, prozentual $\left|\frac{100\Delta l}{l} + 2\cdot\frac{100\Delta t}{t}\right|$.

VI. Weitere Anwendungen der Differentialrechnung.

A. Maxima und Minima.

§ 1. Aufgaben aus der Planimetrie.

(1) a) $y = \frac{1}{2}ux - x^2$; $x_m = \frac{1}{4}u$; Quadrat; $y_m = \frac{1}{16}u^2$;
b) $y^2 = 2x^2 - ux + \frac{1}{4}u^2$; $x_m = \frac{1}{4}u$; Quadrat; $y_m = \frac{1}{4}u\sqrt{2}$.
(2) a) $y = 2x + \frac{2J}{x}$; $x_m = \sqrt{J}$; Quadrat; $y_m = 4\sqrt{J}$;
b) $y^2 = x^2 + \frac{J^2}{x^2}$; $x_m = \sqrt{J}$; Quadrat; $y_m = \sqrt{2J}$.
(3) a) $y^2 = d^2x^2 - x^4$; $x_m = \frac{1}{2}d\sqrt{2}$; Quadrat; $y_m = \frac{1}{2}d^2$;
b) $y = 2x + 2z$; $x^2 + z^2 = d^2$; $x_m = \frac{1}{2}d\sqrt{2}$; Quadrat; $y_m = 2d\sqrt{2}$.
(4) $y^2 = \frac{1}{2}u(\frac{1}{2}u - c)(\frac{1}{2}u - x)(c + x - \frac{1}{2}u)$; $x_m = \frac{1}{2}(u - c)$, desgl. die andere Seite; $y_m = \frac{1}{2}c\sqrt{\frac{1}{2}u(\frac{1}{2}u - c)}$. (5) a) $y = x \cdot z$; $z = a - \frac{ax}{b}$; $x_m = \frac{1}{2}b$; $z_m = \frac{1}{2}a$; $y_m = \frac{1}{4}ab$; b) $y = x \cdot z \cdot \sin\gamma$; sonst wie a. (6) a) $y = x \cdot z$ (x Grundlinie); $z = h - \frac{hx}{c}$; $x_m = \frac{1}{2}c$; $z_m = \frac{1}{2}h$; $y_m = \frac{1}{4}ch$; b) $y = \frac{1}{2}xz$; $z = \frac{hx}{x - c}$; $x_m = 2c$; $z_m = 2h$; $y_m = 2ch$. (7) a) $y^2 = 4r^2x^2 - x^4$; $x_m = r\sqrt{2}$; Quadrat $y_m = 2r^2$; b) $y = 2x + 2\sqrt{4r^2 - x^2}$; $x_m = r\sqrt{2}$; Quadrat; $y_m = 4r\sqrt{2}$.
(8) a) x und z seien die halben Diagonalen; $y = 2xz$; $z^2 = \frac{r^2x^2}{x^2 - r^2}$; $x_m = r\sqrt{2}$; $z_m = r\sqrt{2}$; $y_m = 4r^2$; b) $y = 4\sqrt{x^2 + z^2}$, sonst wie a, nur $y_m = 8r$. (9) $y^2 = r^2x^2 - x^4$ (x halbe Grundlinie); $x_m = \frac{1}{2}r\sqrt{2}$ = Höhe; $y_m = \frac{1}{2}r^2$. (10) a) $y = xz$ (x halbe Grundlinie); $x^2 = 2rz - z^2$; $z_m = 1\frac{1}{2}r$; $x_m = \frac{1}{2}r\sqrt{3}$; $y_m = \frac{3}{4}r^2\sqrt{3}$; b) $y = 2x + 2\sqrt{z^2 + x^2}$; sonst wie a, nur $y_m = 3r\sqrt{3}$. (11) x sei die Abszisse; $y = \sqrt{r^2 - x^2} - (r - x)$; $x_m = \frac{r}{2}\sqrt{2}$; $y_m = r(\sqrt{2} - 1)$.
(12) x sei die halbe obere Grundlinie, z die Höhe; $y = (x + r) \cdot z$; $z^2 = r^2 - x^2$; $x_m = \frac{1}{2}r$; $z_m = \frac{1}{2}r\sqrt{3}$; $y_m = \frac{3}{4}r^2\sqrt{3}$.

(13) a) x sei die halbe Grundlinie, z die Höhe; $y = x \cdot z$; $x^2 = \frac{r^2 z}{z-2r}$; $z_m = 3r$; $x_m = r\sqrt{3}$; $y_m = 3r^2\sqrt{3}$; b) x sei die halbe Grundlinie, z die Schenkelseite; $y = 2x + 2z$; $z = \frac{x(x^2+r^2)}{x^2-r^2}$; $x_m = r\sqrt{3}$; $z_m = 2r\sqrt{3}$; $y_m = 6r\sqrt{3}$. (14) Begründung wie in 13; a) $y = xz$; $z^2 = \frac{r^2x^2}{x^2-r^2}$; $x_m = r\sqrt{2}$; $z_m = r\sqrt{2}$; $y_m = 2r^2$; b) $y = 2x + 2z$; $z^2 = \frac{x^4}{x^2-r^2}$; $x_m = \frac{1}{2}r\sqrt{2+2\sqrt{5}}$; $z_m = r\sqrt{2+\sqrt{5}}$.

(15) z sei die dem mittleren Halbmesser parallele Seite, x die halbe andere Seite; $y = 2xz$; $r = x \cdot \cot\frac{\alpha}{2} + z + (r - \sqrt{r^2-x^2})$; $x_m = r\sqrt{\frac{1}{2}(1-\cos\frac{\alpha}{2})} = r\sin\frac{\alpha}{4}$; $z_m = \frac{\frac{1}{2}r}{\cos\frac{\alpha}{4}}$; $y_m = r^2 \operatorname{tg}\frac{\alpha}{4}$.

---

§ 2. Aufgaben aus der Stereometrie.

(1) a) $y = x^2\pi(u - 2x)$; $x_m = \frac{1}{3}u$; $z_m = \frac{1}{3}u$; $y_m = \frac{1}{27}u^3\pi$; b) $y = 2x\pi(u-2x)$; $x_m = \frac{1}{4}u$; $z_m = \frac{1}{2}u$; $y_m = \frac{1}{4}u^2\pi$.

(2) a) $y = 4x + \frac{2V}{x^2\pi}$; $x_m = \sqrt[3]{\frac{V}{\pi}}$; $z_m = x_m$; $y_m = 6\sqrt[3]{\frac{V}{\pi}}$; b) $y = 2x^2\pi + \frac{2V}{x}$; $x_m = \sqrt[3]{\frac{V}{2\pi}}$; $z_m = \sqrt[3]{\frac{4V}{\pi}}$; $y_m = 3\sqrt[3]{2V^2\pi}$.

(3) a) $y = x^2z = \frac{1}{4}Ox - \frac{1}{2}x^3$; $x_m = \sqrt{\frac{O}{6}}$; $z_m = x_m$; $y_m = \frac{1}{6}O \cdot \sqrt{\frac{O}{6}}$; b) $y = 2x^2 + \frac{4V}{x}$; $x_m = \sqrt[3]{V}$; $z_m = x_m$; $y_m = 6\sqrt[3]{V^2}$.

(4) $y = \frac{1}{3}x^2\pi z$; $x = \frac{1}{2}u - \frac{z^2}{2u}$; $z_m = \frac{1}{5}u\sqrt{5}$; $x_m = \frac{2}{5}u$; $y_m = \frac{4}{375}u^3\pi\sqrt{5}$.

(5) x Halbmesser, z Höhe, $x^2 = a^2 - z^2$; a) $y = \frac{2}{3}x^2z$; $z_m = \frac{1}{3}a\sqrt{3}$; $x_m = \frac{1}{3}a\sqrt{6}$; $y_m = \frac{4}{27}a^3\sqrt{3}$; b) $y = \frac{1}{2}x^2\sqrt{3}\cdot z$; z_m und x_m wie in a; $y_m = \frac{1}{3}a^3$; c) $y = \frac{1}{4}x^2\sqrt{3}\cdot z$; z_m und x_m wie in a; $y_m = \frac{1}{6}a^3$; d) $y = \frac{2}{3}x^2\sqrt{2}\cdot z$; z_m und x_m wie in a; $y_m = \frac{4}{27}a^3\sqrt{6}$; e) $y = \frac{5}{24}x^2\sqrt{10+2\sqrt{5}}\cdot z$; z_m und x_m wie in a; $y_m = \frac{5}{108}a^3\sqrt{30+6\sqrt{5}}$.

(6) a) $y = x^2\pi z = \frac{1}{2}Ox - \frac{1}{2}x^3\pi$; $x_m = \sqrt{\frac{O}{3\pi}}$; $z_m = x_m$; $y_m = \frac{1}{3}O \cdot \sqrt{\frac{O}{3\pi}}$; b) $y = \frac{1}{3}x^2\pi z$; $z^2 = \frac{O^2}{x^2\pi^2} - x^2$; $x_m = \sqrt{\frac{O}{3\pi}}\sqrt[4]{3}$; $z_m = \sqrt{\frac{2O\sqrt{3}}{3\pi}}$; $y_m = \frac{O}{9\pi^2}\sqrt{2O\pi\sqrt{3}}$.

⑥ $y = \frac{1}{3}\pi z^2(3x - z)$; $x = \frac{O}{2\pi z}$; $z_m = \sqrt{\frac{O}{2\pi}}$; $x_m = z_m$; Halbkugel; $y_m = \frac{1}{3} O \sqrt{\frac{O}{2\pi}}$. ⑦ a) $y = x^2\pi + 2x\pi z = x^2\pi + \frac{2V}{x}$; $x_m = \sqrt[3]{\frac{V}{\pi}}$; $z_m = x_m$; $y_m = 3\sqrt[3]{V^2\pi}$; b) $y = x\pi z$ (z Seitenlinie); $z^2 = \frac{9V^2}{x^4\pi^2} + x^2$; $x_m = \sqrt[3]{\frac{3V\sqrt{2}}{2\pi}}$; $z_m = 3\sqrt[3]{\frac{V}{\pi\sqrt{6}}}$; $y_m = 3\sqrt[3]{\frac{V^2\pi\sqrt{3}}{2}}$; c) $y = 2x\pi z$; $x = \frac{V}{\pi z^2} + \frac{1}{3} z$; $z_m = \sqrt[3]{\frac{3V}{2\pi}}$; $x_m = z_m$; Halbkugel; $y_m = \sqrt[3]{18V^2\pi}$.

⑧ $y = (a-2x)(b-2x)x$; $x_m = 5$ cm; $y_m = 2250$ ccm.

⑨ a) $y = x^2\pi z = r^2\pi z - \frac{1}{4}\pi z^3$; $z_m = \frac{2}{3} r\sqrt{3}$; $x_m = \frac{1}{3} r\sqrt{6}$; $y_m = \frac{4}{9} r^3\pi\sqrt{3}$; b) $y = 2x\pi z$; $x^2 = r^2 - \frac{1}{4} z^2$; $z_m = r\sqrt{2}$; $x_m = \frac{1}{2} r\sqrt{2}$; $y_m = 2r^2\pi$; c) $y = 2x^2\pi + 2x\pi z$; $x^2 = r^2 - \frac{1}{4} z^2$; $x_m = r\sqrt{\frac{1}{2} + \frac{1}{10}\sqrt{5}}$ (der Wert $r\sqrt{\frac{1}{2} - \frac{1}{10}\sqrt{5}}$ scheidet aus, da x_m^2 nach der vorher vorkommenden Gleichung $x_m\sqrt{r^2 - x_m^2} = 2x_m^2 - r^2$ größer als $\frac{1}{2} r^2$ sein muß); $z_m = r\sqrt{2 - \frac{2}{5}\sqrt{5}}$; $y_m = \pi r^2(1 + \sqrt{5})$. ⑩ a) $y = x^2\pi z$; $z = h - \frac{hx}{r}$; $x_m = \frac{2}{3} r$; $z_m = \frac{1}{3} h$; $y_m = \frac{4}{27} r^2\pi h$; b) $y = 2x\pi z$; z wie in a; $x_m = \frac{1}{2} r$; $z_m = \frac{1}{2} h$; $y_m = \frac{1}{2} r\pi h$; c) $y = 2x^2\pi + 2x\pi z$; z wie in a; $x_m = \frac{rh}{2(h-r)}$; $z_m = \frac{h(h-2r)}{2(h-r)}$; $y_m = \frac{\pi r h^2}{2(h-r)}$.

Bemerkung zu c: Die Ergebnisse sind nur brauchbar, wenn $r < \frac{h}{2}$ ist, da andernfalls negative Werte auftreten; in diesen andern Fällen ist der größte Wert der Grenzwert für $x_m = r$, $z_m = 0$, der sich aber für $r = h$ und $r > h$ in der Rechnung nicht ergibt, da hier die Tangente nicht wagerecht liegt. Es ist zweckmäßig, diese Verhältnisse an der Kurve $y = 2\pi \cdot \frac{r-h}{h} x^2 + 2\pi h x$ näher zu untersuchen. Die Zahlenbeispiele s. am Schluß dieses §.

⑪ a) $y = \frac{1}{3} x^2\pi z$; $z = \frac{hx}{x-r}$; $x_m = 1\frac{1}{2} r$; $z_m = 3h$; $y_m = 2\frac{1}{4} r^2\pi h$; b) $y = x\pi z$; $z^2 = x^2 + \frac{x^2h^2}{(x-r)^2}$; die kubische Gleichung $(x_m - r)^3 + \frac{1}{2} h^2(x_m - r) - \frac{1}{2} r h^2 = 0$ liefert, für $r = 1$ und $h = 3\sqrt{3}$, $x_m - 1 = \frac{3}{2}\left(\sqrt[3]{2 + 2\sqrt{3}} + \sqrt[3]{2 - 2\sqrt{3}}\right) = \frac{3}{2}(1{,}761 - 1{,}136)$, also $x_m = 1{,}9375$.

⑫ $y = \frac{4}{3} x^2\pi z$; $z = h - \frac{hx}{r}$; $x_m = \frac{2}{3} r$; $z_m = \frac{1}{3} h$; $y_m = \frac{4}{81}\pi r^2 h$.

(13) a) $y = x^2 z$; $z = h - \frac{hx\sqrt{2}}{2r}$; $x_m = \frac{2}{3} r\sqrt{2}$; $z_m = \frac{1}{3} h$; $y_m = \frac{8}{27} r^2 h$.

b) $y = 2x^2 + 4xz$; z wie in a; $x_m = \frac{rh}{h\sqrt{2} - r}$; $z_m = \frac{h(h\sqrt{2} - 2r)}{2(h\sqrt{2} - r)}$;

$y_m = \frac{2rh^2}{h\sqrt{2} - 2r}$. Bemerkungen ähnlich wie zu 10c.

(14) a) $y = \frac{1}{3} x^2 \pi z$; $x^2 = 2rz - z^2$; $z_m = 1\frac{1}{3} r$; $x_m = \frac{2}{3} r\sqrt{2}$; $y_m = \frac{32}{81} r^3 \pi$;

b) $y = \pi x \sqrt{x^2 + z^2}$; x^2, z_m und x_m wie in a; $y_m = \frac{8}{9} r^2 \pi \sqrt{3}$; c) f. ü.

(15) a) $y = x^2 z$, $x^2 = 2r^2 - \frac{1}{2} z^2$; $z_m = \frac{2}{3} r\sqrt{3}$; $x_m = z_m$; $y_m = \frac{8}{9} r^3 \sqrt{3}$;

b) $y = 4xz$; x^2 wie in a; $z_m = r\sqrt{2}$; $x_m = r$; $y_m = 4r^2\sqrt{2}$;

c) $y = 2x^2 + 4xz$; x^2 wie in a; die Gleichung $z_m \sqrt{2r^2 - \frac{1}{2} z_m^2} = 4r^2 - 2z_m^2$ liefert $z_m^2 = 2r^2 \pm \frac{2}{3} r^2$, wovon aber der obere Wert die Gleichung nicht befriedigt; daher $z_m = \frac{2}{3} r\sqrt{3}$; $x_m = z_m$; Würfel; $y_m = 8r^2$.

(16) a) $y = \frac{1}{4} x^2 \sqrt{3} \cdot z$; $x^2 = 3r^2 - \frac{3}{4} z^2$; $z_m = \frac{2}{3} r\sqrt{3}$; $x_m = r\sqrt{2}$; $y_m = r^3$;

b) $y = \frac{1}{3} x^2 z$; $x^2 = 4rz - 2z^2$; $z_m = \frac{4}{3} r$; $x_m = z_m$; $y_m = \frac{64}{81} r^3$;

c) $y = \frac{1}{12} x^2 \sqrt{3} \cdot z$; $x^2 = 6rz - 3z^2$; $z_m = \frac{4}{3} r$; $x_m = \frac{2}{3} r\sqrt{6}$; $y_m = \frac{8}{27} r^3 \sqrt{3}$.

(17) $y = \frac{1}{3} x^2 \pi z$; $x^2 = \frac{r^2 z}{z - 2r}$; $z_m = 4r$; $x_m = r\sqrt{2}$; $y_m = \frac{8}{3} r^3 \pi$.

(18) $y = 2x\pi z$ (z die Höhe der Kugelhaube); $z = x - \frac{x^2}{a}$; $x_m = \frac{2}{3} a$; $y_m = \frac{8}{27} a^2 \pi$. (19) a) $y = \frac{1}{3} x^2 \pi z$; $x^2 + z^2 = r^2$; $z_m = \frac{1}{3} r\sqrt{3}$; $x_m = \frac{1}{3} r\sqrt{6}$; $y_m = \frac{2}{27} r^3 \pi \sqrt{3}$; b) $y = \frac{1}{3} x^2 z$; $x^2 = 2r^2 - 2z^2$; $z_m = \frac{1}{3} r\sqrt{3}$; $x_m = \frac{2}{3} r\sqrt{3}$; $y_m = \frac{4}{27} r^3 \sqrt{3}$; c) $y = \frac{1}{12} x^2 \sqrt{3} \cdot z$; $x^2 = 3r^2 - 3z^2$; $z_m = \frac{1}{3} r\sqrt{3}$; $x_m = r\sqrt{2}$; $y_m = \frac{1}{6} r^3$. (20) $y = 2x\pi z - 2r\pi(r - z)$; $x^2 + z^2 = r^2$; $x_m = \frac{1}{2} r$; $z_m = \frac{1}{2} r\sqrt{3}$; $y_m = 2r^2\pi(\frac{3}{4}\sqrt{3} - 1)$;

(21) x oberer Halbmesser, z Mittellinie; $y = (x + r)\pi z$; $z^2 = 2r^2 - 2rx$; $z_m = \frac{2}{3} r\sqrt{3}$; $x_m = \frac{1}{3} r$; $y_m = \frac{8}{9} r^2 \pi \sqrt{3}$. (22) $y = x\pi z$; $z^2 = \frac{x^4}{x^2 - r^2}$; $x_m = \frac{1}{2} r\sqrt{6}$; $z_m = \frac{3}{2} r\sqrt{2}$; $y_m = \frac{3}{2} r^2 \pi \sqrt{3}$.

(23) $y = \frac{1}{3}\pi x^2 (3r - x) - \frac{1}{6} x^3 \pi$; $x_m = \frac{4}{3} r$; $y_m = \frac{16}{27} r^3 \pi$.

(24) $y = x\pi r - 2r\pi h = r^2 \pi \sin\varphi - 2r^2\pi(1 - \cos\varphi)$; $\operatorname{tg}\varphi = \frac{1}{2}$; $\varphi = 26^\circ 34'$.

(25) x Halbmesser; $y = 2x\pi z$; $z = x - \frac{x^2}{2r}$; $x_m = \frac{4}{3} r$; $y_m = \frac{32}{27} r^2 \pi$.

(26) $y = x^2\pi z$; $z = \frac{1}{3}a\sqrt{6} - 2x\sqrt{2}$ (aus $x : \frac{1}{6}a\sqrt{3} = (\frac{1}{3}a\sqrt{6} - z) : \frac{1}{3}a\sqrt{6}$);
$x_m = \frac{1}{9}a\sqrt{3}$; $z_m = \frac{1}{9}a\sqrt{6}$; $y_m = \frac{1}{243}a^3\pi\sqrt{6}$.

---

(10) s. o. Zahlenbeispiele: $x_m = \frac{3}{4}r$; $\frac{2}{3}r$; $\frac{5}{9}r$; $z_m = \frac{3}{4}r = \frac{1}{4}h$; $\frac{4}{3}r = \frac{1}{3}h$; $\frac{40}{9}r = \frac{4}{9}h$; $y_m = \frac{9}{4}r^2\pi$; $\frac{8}{3}r^2\pi$; $\frac{50}{9}r^2\pi$.

(14c) Rechnung umständlich. $y = x^2\pi + x\pi\sqrt{2rz}$ (z Höhe); $x^2 = 2rz - z^2$; die Gleichung $(2z_m - 2r)\sqrt{4r^2 - 2rz_m} = 4r^2 - 3rz_m$ liefert $z_m^2 - \frac{23}{8}rz_m + 2r^2 = 0$ oder $z_m = \frac{r}{16}(23 \pm \sqrt{17})$, wovon aber der obere Wert unbrauchbar ist, da er die ursprüngliche Gleichung nur erfüllt, wenn die Quadratwurzel negativ gerechnet wird; $x_m = \frac{r}{16}\sqrt{190 + 14\sqrt{17}}$.

---

§3. Aufgaben aus der Lehre von den Funktionen und der analytischen Geometrie.

(1) $x_{min} = \frac{2}{3}\sqrt{6}$; $y_{min} = 4\sqrt{6} - 5 = 4,798$; $x_{max} = -\frac{2}{3}\sqrt{6}$; $y_{max} = -4\sqrt{6} - 5 = -14,798$. Bemerkung: Die Werte für y_m erklären sich dadurch, daß es sich nicht um den kleinsten und größten Wert überhaupt, sondern nur um solche Werte im Vergleich mit der nächsten Umgebung handelt, wie auch eine Zeichnung der Kurve lehrt. (2) $x_{min} = 4$; $y_m = 16$. (3) $x_{min} = \frac{7}{9}$, $y_m = -27\frac{10}{81}$; $x_{max} = -\frac{2}{3}$, $y_m = 0$. (4) $x_{min} = 1$, $y_m = 7$.

(5) a) $\operatorname{tg} x_m = 1$; $x_m = 45^\circ + k\pi$ mit Max ($y_m = \sqrt{2}$) für gerade k und Min ($y_m = -\sqrt{2}$) für ungerade k; b) $\operatorname{tg} x_m = -1$; $x_m = 135^\circ + k\pi$, sonst umgekehrt wie in a. (6) a) $\operatorname{tg} x_m = \pm 1$; $x_m = 45^\circ + k \cdot \frac{1}{2}\pi$ mit Min für gerade k ($y_m = 2$) und Max für ungerade k ($y_m = -2$); b) $\operatorname{tg}^2 x_m = -1$, also kein Max und Min.

(7) a) $\sin x_m = 0$ oder $\cos x_m = \frac{1}{2}$; $x_{max} = 0 + k\pi$, $y_m = -\frac{1}{2}$ für ge-

rade k, $= 1\frac{1}{2}$ für ungerade k; $x_{min} = \pm 60° \pm k \cdot 2\pi$, $y_m = -\frac{3}{4}$. **b)** $\cos x_m = 1; -\frac{1}{2}$; [$x = 0 + k \cdot 2\pi$, $y = 0$; W mit waagerechter T]; $x_{min} = 120° + k \cdot 2\pi$; $y_m = -\frac{3}{4}\sqrt{3}$; $x_{max} = 240° + k \cdot 2\pi$; $y_m = \frac{3}{4}\sqrt{3}$.

(8) **a)** $\sin x_m = 0$ oder $\pm \frac{1}{3}\sqrt{6}$; $x_m = 0 + k\pi$; $y_m = 0$ Max für gerade, Min für ungerade k; $x_m = 54°44' + k\pi$; y_m Min ($= -\frac{2}{3}\sqrt{3} = -1,1547$) für gerade, Max ($= +1,1547$) für ungerade k; oder $x_m = 125°16' + k\pi$; y_m Max ($= 1,1547$) für gerade, Min ($= -1,1547$) für ungerade k; **b)** $\cos x_m = 0$ oder $\sin x_m = \pm \frac{1}{5}\sqrt{5}$; $x_m = \frac{\pi}{2} + k\pi$; y_m Min ($= -2$) für gerade k, Max ($= 2$) für ungerade k; $x_m = 26°34' + k\pi$; y_m Max ($= \frac{3}{5}\sqrt{5} = 0,8944$) für gerade, Min ($= -0,8944$) für ungerade k; oder $x_m = 153°26' + k\pi$; y_m Max ($= 0,8944$) für gerade, Min ($= -0,8944$) für ungerade k.

(9) $z^2 = x^2 + y^2$; $y = \frac{qx}{x-p}$; $x_m = p + \sqrt[3]{pq^2} = 8,6416$; $y_m = q + \sqrt[3]{p^2q} = 9,3089$. (10) **a)** $e^2 = (2p-x)^2 + y^2 = (2p-x)^2 + 2px$; $x_m = p$; $y_m = \pm p\sqrt{2}$; $e_m = p\sqrt{3}$; **b)** $e^2 = (p-x)^2 + (4p-y)^2$; $y^2 = 2px$; $y_m = 2p$; $x_m = 2p$; $e_m = p\sqrt{5}$. (11) **a)** $J = y(q-x)$; $y^2 = 2px$; $y_m = \frac{1}{3}\sqrt{6pq}$; $x_m = \frac{1}{3}q$; $J_m = \frac{2}{9}q\sqrt{6pq}$; **b)** $J = (q-x) \cdot 2y$; $y^2 = 2px$; y_m und x_m wie in a; $J_m = \frac{4}{9}q\sqrt{6pq}$; **c)** $J = (y + \sqrt{2pq})(q-x)$; $y^2 = 2px$; $y_m = \frac{1}{3}\sqrt{2pq}$; $x_m = \frac{1}{9}q$; $J_m = \frac{32}{27}q\sqrt{2pq}$. (12) **a)** $V = \pi y^2(q-x)$; $y^2 = 2px$; $x_m = \frac{1}{2}q$; $y_m = \sqrt{pq}$; $V_m = \frac{1}{2}\pi pq^2$; **b)** $M = 2\pi y(q-x)$; $y^2 = 2px$; $y_m = \frac{1}{3}\sqrt{6pq}$; $x_m = \frac{1}{3}q$; $M_m = \frac{4}{9}\pi q\sqrt{6pq}$; **c)** $O = 2\pi y^2 + 2\pi y(q-x)$; $y^2 = 2px$; $y_m = \frac{2}{3}p + \frac{1}{3}\sqrt{2p(2p+3q)} = 4\frac{2}{3}$; $x_m = 5\frac{4}{9}$; $O_m = 58\frac{2}{27}\pi$. (13) $V = \frac{1}{3}\pi y^2(q-x)$; $y^2 = 2px$; $x_m = \frac{1}{2}q$; $y_m = \sqrt{pq}$; $V_m = \frac{1}{6}\pi pq^2$. (14) **a)** $J = xy$; $b^2x^2 + a^2y^2 = a^2b^2$; $x_m = \frac{1}{2}a\sqrt{2}$; $y_m = \frac{1}{2}b\sqrt{2}$; $J_m = \frac{1}{2}ab$; **b)** $J = x(y+b)$; $b^2x^2 + a^2y^2 = a^2b^2$; die kubische Gleichung $2y_m^3 + 3by_m^2 - b^3 = 0$ hat die Wurzel [$y_m = -b$]; hieraus durch Division $y_m^2 + \frac{1}{2}by_m = \frac{1}{2}b^2$; $y_m = \frac{1}{2}b$; $x_m = \frac{1}{2}a\sqrt{3}$; $J_m = \frac{3}{4}ab\sqrt{3}$.

(15) ξ, η sind die Koordinaten des Berührungspunktes.
a) $J = \frac{a^2}{\xi}\cdot\frac{b^2}{\eta}$; $b^2\xi^2+a^2\eta^2=a^2b^2$; zweckmäßig untersucht man den reziproken Wert von J^2; $\xi_m = \frac12 a\sqrt2$; $\eta_m = \frac12 b\sqrt2$; $J_m = 2ab$;
b) $J = \frac{a^2(b+\eta)}{b\xi}\cdot\left(b+\frac{b^2}{\eta}\right)$; $b^2\xi^2+a^2\eta^2=a^2b^2$; $\eta_m=\frac12 b$; $\xi_m=\frac12 a\sqrt3$; $J_m = 3ab\sqrt3$. (16) a) $V=\frac13\pi x^2 y$; $b^2x^2+a^2y^2=a^2b^2$; $y_m=\frac13 b\sqrt3$; $x_m=\frac13 a\sqrt6$; $V_m=\frac{2}{27}\pi a^2 b\sqrt3$; b) $V=\frac13\pi x^2(y+b)$; $b^2x^2+a^2y^2=a^2b^2$; $y_m=\frac13 b$; $x_m=\frac23 a\sqrt2$; $V_m=\frac{32}{81}\pi a^2 b$. (17) a) $V=\frac13\pi\frac{a^4}{\xi^2}\cdot\frac{b^2}{\eta^2}$; $b^2\xi^2+a^2\eta^2=a^2b^2$, (vgl. 15); $\eta_m=\frac13 b\sqrt3$; $\xi_m=\frac13 a\sqrt6$; $V_m=\frac12\pi a^2 b\sqrt3$;
b) $V=\frac13\pi\frac{a^4(b+\eta)^2}{b^2\xi^2}\cdot\frac{b(b+\eta)}{\eta}$; $b^2\xi^2+a^2\eta^2=a^2b^2$; $\eta_m=\frac13 b$; $\xi_m=\frac23 a\sqrt2$; $V_m=\frac83\pi a^2 b$. (18) $J=(a+x)y$; $b^2x^2+a^2y^2=a^2b^2$; $x_m=\frac12 a$; $y_m=\frac12 a\sqrt3$; $J_m=\frac34 a^2\sqrt3$. (19) ξ, η wie in 15; $e^2=\frac{a^4}{\xi^2}+\frac{b^4}{\eta^2}$; $b^2\xi^2+a^2\eta^2=a^2b^2$; $\xi_m=a\sqrt{\frac{a}{a+b}}$; $\eta_m=b\sqrt{\frac{b}{a+b}}$; $e_m=a+b$.
(20) ξ, η wie in 15; a) $V=\frac13\pi\cdot\frac{a^4}{\xi^2}\cdot\frac{b^2}{\eta}$; $b^2\xi^2+a^2\eta^2=a^2b^2$; $\eta_m=\frac13 b\sqrt3$; $\xi_m=\frac13 a\sqrt6$; $V_m=\frac12\pi a^2 b\sqrt3$; b) $M^2=\pi^2\cdot\frac{a^4}{\xi^2}\left(\frac{a^4}{\xi^2}+\frac{b^4}{\eta^2}\right)$; $b^2\xi^2+a^2\eta^2=a^2b^2$; die Gleichung $2(a^2-b^2)\xi_m^4-a^2(4a^2-b^2)\xi_m^2+2a^6=0$ liefert für $a=6$, $b=1$ cm $\xi_m=\frac95\sqrt{10}=5{,}692$ cm, $\eta_m=\frac1{10}\sqrt{10}=0{,}316$ cm; $M_m=20\pi\sqrt5$ qcm.

---

§4. Aufgaben aus der Physik und der Technik.

(1) $x^2+z^2=d^2$; a) $y=\lambda x z$; $x_m=\frac12 d\sqrt2$; $z_m=\frac12 d\sqrt2$; $y_m=\lambda\cdot\frac12 d^2$;
b) $y=\lambda x z^2$; $x_m=\frac13 d\sqrt3$; $z_m=\frac13 d\sqrt6$; $y_m=\lambda\cdot\frac29 d^3\sqrt3$;
c) $y=\lambda x z^3$; $x_m=\frac12 d$; $z_m=\frac12 d\sqrt3$; $y_m=\lambda\cdot\frac{3}{16} d^4\sqrt3$.
(2) $y^2=(6x)^2+(100-8x)^2$; $x_m=8^s$; $y_m=60$ m. (3) $y^2=(3x^2)^2+(100-4x^2)^2$; $x_m=4^s$; $y_m=60$ m. (4) c sei die Geschwindigkeit auf der Landstraße; $y=\frac{x}{c}+\frac3c\sqrt{9+(6-x)^2}$; $x_m=6-\frac14\sqrt2=5{,}646$ km.

(5) $y = \frac{2}{\sin x} + \frac{3}{\sin z}$; $2\cot x + 3\cot z = 0$; $x_m = z_m$.

(6) von A aus: $y = \frac{2}{c\sin x} + \frac{6}{c\sin z}$; $2\cot x + 3\cot z = 0$; $\cos x_m : \cos z_m = 2:1$ oder bezüglich der Komplemente x'_m und z'_m $\sin x'_m : \sin z'_m = 2:1$; von B aus: $y = \frac{3}{c\sin z} + \frac{4}{c\sin x}$; $2\cot x + 3\cot z = 0$; $\cos x_m : \cos z_m = 1:2$. (7) $y^2 = \frac{2a}{g\sin x\cos x} = \frac{4a}{g\sin 2x}$; $x_m = 45°$. (8) $y^2 = \frac{2a}{g(\sin x - \mu\cos x)\cos x}$; $\operatorname{tg} 2x_m = -\frac{1}{\mu} = -\frac{100}{49}$; $x_m = 58°3'$. (9) Gleichung der Parabel $x^2 = 2py$, der Sehne $y = \operatorname{tg}\alpha \cdot x + \frac{1}{2}p$. Länge der Sehne $\frac{2p}{\cos^2\alpha}$; $y^2 = \frac{4p}{g\sin\alpha\cos^2\alpha}$; $\sin^2\alpha_m = \frac{1}{3}$; $\alpha_m = 35°16'$. (10) $y = \sqrt{\frac{2x}{g}} + \left(\sqrt{\frac{2x}{g}} - \sqrt{\frac{2(x-h)}{g}}\right)$; $x_m = 1\frac{1}{3}h$. (11) $y = \frac{c^2\sin 2x}{g}$; $x_m = 45°$; $y_m = \frac{c^2}{g}$.

(12) Länge der Rinne l, Breite x, Höhe z; $y = l\cdot(x+2z)$; $x\cdot z = 2$; $x_m = 2\,m$; $z_m = 1\,m$. (13) l, x, z wie in 12; $y = 2l\sqrt{\frac{1}{4}x^2 + z^2}$; $x \cdot z = 2$; $x_m = 2\,m$; $z_m = 1\,m$. (14) a die untere Grundlinie. a) $y = l\cdot(a + 2\sqrt{4+x^2})$; $a + x = 3$; $x_m = \frac{2}{3}\sqrt{3} = 1{,}155\,m$; $a_m = 1{,}845\,m$; b) $y = l\cdot(a+4x)$; $a = \frac{2\sqrt{3}}{x} - x$; $x_m^2 = \frac{2}{3}\sqrt{3}$; $x_m = 1{,}075\,m$; $a_m = \frac{2}{3}\sqrt{6\sqrt{3}} = 2{,}15\,m$. (15) x sei die Entfernung des Punktes vom Mittelpunkt der ersteren Kugel; $y = 2\pi r\left(r - \frac{r^2}{x}\right) + 2\pi\varrho\left(\varrho - \frac{\varrho^2}{a-x}\right)$; $x_m = a r\sqrt{r} : (r\sqrt{r} + \varrho\sqrt{\varrho})$. (16) Die Gesichtswinkel für die Strecken 25, 20, 45 m seien α, β, γ, die Höhe des Beobachters x m; $\alpha = \gamma - \beta$; $\operatorname{tg}\alpha = \frac{25x}{x^2+900}$; $x_m = 30\,m$

(17) α, β, γ, x wie in 16; $\alpha = \gamma - \beta$; $\operatorname{tg}\alpha = \frac{20x}{x^2+2400}$; $x_m = \sqrt{2400} = 40{,}99\,m$.

(18) Höhe des Lichtpunktes x, sein Abstand von der zu beleuchtenden Stelle z, α der Neigungswinkel des Lichtstrahls; a) $y = \frac{1}{z^2}\sin\alpha = \frac{x}{(x^2+45^2)^{\frac{3}{2}}}$; $x_m = \frac{45}{2}\sqrt{2} = 31{,}8\,cm$; b) entsprechend; $x_m =$

$30\sqrt{2} = 42{,}4\,\text{cm}$; c) $x_m = \frac{25}{2}\sqrt{2} = 53{,}0\,\text{cm}$. (19) $y = \frac{6}{x^2} + \frac{3}{(20-x)^2}$; $x_m = \frac{20\sqrt[3]{2}}{1+\sqrt[3]{2}} = 11{,}15\,\text{cm}$. (20) $y = \frac{4}{x^2} + \frac{2}{(10-x)^2}$; $x_m = \frac{10\sqrt[3]{2}}{1+\sqrt[3]{2}} = 5{,}575\,\text{cm}$. (21) $\frac{w_a}{w_i} = x$; $J = \frac{\mathfrak{E}}{w_a + w_i}$; $\mathfrak{E}J = J^2(w_a + w_i)$, also im äußeren Stromkreis $J^2 w_a = \frac{\mathfrak{E}^2 x}{w_i(1+x)^2}$; $x_m = 1$, also $w_i = w_a$.

(22) $nx = m$; $i = \frac{ex}{w_a + \frac{x w_i}{n}} = \frac{ex}{w_a + \frac{x^2 w_i}{m}}$; $x_m = \sqrt{\frac{m w_a}{w_i}}$.

B. Unendliche Reihen.

§ 5. Konvergenz unendlicher Reihen.

(1) $\frac{1}{10}$; $\frac{1}{25}$; $\frac{1}{n}$; $\lim\limits_{n\to\infty} a_n = 0$. (3) a) $\frac{n}{n+1}$; 1; b) $(-1)^{n+1}$; c) $(\frac{1}{2})^n$; 0; d) $n!$; e) $0{,}111\ldots\overset{(n)}{1}$; $\frac{1}{9}$; f) $2 + \frac{1}{2^n}$; 2; g) $1 - \frac{n}{n+1}$; 0; h) $(-\frac{1}{3})^{n-1}$; 0; i) 2^{n-1}; k) $\frac{16}{n!}$; 0.

(4) a) $\frac{1}{4}$; $\frac{2}{5}$; $\frac{3}{6}$; $\frac{4}{7}$; $\cdots \to 1$; b) $\frac{1}{4}$; $\frac{2}{7}$; $\frac{3}{10}$; $\frac{4}{13}$; $\cdots \to \frac{1}{3}$; c) $\frac{1}{3}$; $\frac{2}{8}$; $\frac{3}{13}$; $\frac{4}{18}$; $\cdots \to \frac{1}{5}$; d) $\frac{2}{2}$; $\frac{4}{5}$; $\frac{6}{8}$; $\frac{8}{11}$; $\cdots \to \frac{2}{3}$; e) $\frac{1}{-1}$; $\frac{2}{1}$; $\frac{3}{3}$; $\frac{4}{5}$; $\cdots \to \frac{1}{2}$; f) $\frac{a}{b+c}$; $\frac{2a}{2b+c}$; $\frac{3a}{3b+c}$; $\cdots \to \frac{a}{b}$.

(5) a) $\frac{1}{2}$; $\frac{2}{5}$; $\frac{3}{10}$; $\frac{4}{17}$; $\cdots \to 0$; b) $\frac{1}{1}$; $\frac{2}{7}$; $\frac{3}{17}$; $\frac{4}{31}$; $\cdots \to 0$; c) $\frac{2}{2}$; $\frac{8}{5}$; $\frac{18}{8}$; $\frac{32}{11}$; $\cdots \to \infty$; d) $\frac{a+b}{c+d+e}$; $\frac{2a+b}{4c+2d+e}$; $\frac{3a+b}{9c+3d+e}$; $\to 0$; e) $\frac{a+b+c}{d+e}$; $\frac{4a+2b+c}{2d+e}$; $\frac{9a+3b+c}{3d+e}$; $\cdots \to \infty$; f) $\frac{-2}{2}$; $\frac{1}{5}$; $\frac{6}{10}$; $\frac{13}{17}$; $\cdots \to 1$; g) $\frac{6}{-1}$; $\frac{11}{8}$; $\frac{20}{23}$; $\frac{33}{44}$; $\cdots \to \frac{2}{3}$. (6) a) $\frac{1}{2}$; $\frac{2}{4}$; $\frac{3}{8}$; $\frac{4}{16}$; $\cdots \to 0$; b) $\frac{3}{1}$; $\frac{9}{2}$; $\frac{27}{3}$; $\frac{81}{4}$; $\cdots \to \infty$; c) 1; $\frac{1}{2}$; $\frac{2}{3}$; $\frac{3}{2}$; $\frac{24}{5}$; $\cdots \to \infty$; d) $\frac{1}{3}$; $\frac{3}{9}$; $\frac{2}{9}$; $\frac{8}{27}$; $\frac{40}{81}$; $\cdots \to \infty$; e) $\frac{2}{1}$; 2; $\frac{4}{3}$; $\frac{2}{3}$; $\frac{4}{15}$; $\cdots \to 0$.

(7) a) $\frac{1}{2}$; $1\frac{1}{6}$; $1\frac{11}{12}$; $2\frac{43}{60}$; $\cdots$; b) 1; 0; 1; 0; $\cdots$; c) $\frac{1}{2}$; $\frac{3}{4}$; $\frac{7}{8}$; $\frac{15}{16}$ $\cdots$; d) 1, 3, 9, 33; $\cdots$; e) 0,1; 0,21; 0,321; $\cdots$; f) $2\frac{1}{2}$; $4\frac{3}{4}$; $6\frac{7}{8}$; $8\frac{15}{16}$ $\cdots$; g) $\frac{1}{2}$; $\frac{5}{6}$; $1\frac{1}{12}$; $1\frac{17}{60}$; $\cdots$

h) $1;\ \frac{2}{3};\ \frac{7}{9};\ \frac{20}{27};\ \dots$; i) $1;\ 3;\ 7;\ 15;\ \dots$; k) $16;\ 24;\ 26\frac{2}{3};\ 27\frac{1}{23};\ \dots$

(12) Jedes Glied der ersten Reihe ist kleiner als das entsprechende der zweiten. (13) a) $a_n = \frac{1}{2^n} \cdot \frac{n}{n+1} < \frac{1}{2^n}$; b) $a_n = \frac{1}{2^n+2} < \frac{1}{2^n}$.

(16) a) $\lim\limits_{n\to\infty} \frac{n+1}{2^{n+1}} \cdot \frac{2^n}{n} = \frac{1}{2}$; Konv.; b) $\lim\limits_{n\to\infty} \frac{(n+1)^2}{(n+1)!} \cdot \frac{n!}{n^2} = 0$, Konv.;

c) $\lim\limits_{n\to\infty} \frac{(n+1)^3}{(n+1)!} \cdot \frac{n!}{n^3} = 0$, Konv.; d) $\lim\limits_{n\to\infty} \frac{(n+1)!}{5^{n+1}} \cdot \frac{5^n}{n!} = \infty$; div.;

e) $\lim\limits_{n\to\infty} \frac{(n+1)!}{(n+1)^5} \cdot \frac{n^5}{n!} = \infty$, div.; f) $\lim\limits_{n\to\infty} \frac{n+1}{(n+1)!} \cdot \frac{n!}{n} = 0$, Konv.;

g) $\lim\limits_{n\to\infty} \frac{2^{n+1}}{(n+1)!} \cdot \frac{n!}{2^n} = 0$, Konv.; h) $\lim\limits_{n\to\infty} \frac{(n+1)^2}{2^{n+1}} \cdot \frac{2^n}{n^2} = \frac{1}{2}$; Konv.;

i) $\lim\limits_{n\to\infty} \frac{(n+1)^3}{3^{n+1}} \cdot \frac{3^n}{n^3} = \frac{1}{3}$; Konv.; k) $\lim\limits_{n\to\infty} \frac{10^{n+1}}{(n+1)!} \cdot \frac{n!}{10^n} = 0$, Konv.

(17) a) und b) Konv.; c) – e) div. (18) a) – d) div. (22) a) – d) Konv.; e) Konv. nach 16a; f) $\lim\limits_{n\to\infty} \frac{n}{(n+1)^2} = 0$, also Konv.

(23) $5 \cdot 10^0 + 4 \cdot 10^1 + 3 \cdot 10^2$; usw. (24) $8 \cdot \frac{1}{10} + 2\left(\frac{1}{10}\right)^2 + 9 \cdot \left(\frac{1}{10}\right)^3$; usw.

(26) Tabelle auf S. 77; $1 + \frac{x}{3} + \frac{x^2}{9} + \frac{x^3}{27} + \frac{x^4}{81} + \dots$

(27) Tabellen auf S. 77; a) $2 - x + \frac{x^2}{3} - \frac{x^3}{9} + \frac{x^4}{27} \mp \dots$

b) $3 + \frac{3}{2}x + \frac{1}{8}x^2 + \frac{1}{32}x^3 + \frac{1}{128}x^4 + \dots$; c) $3 - \frac{x^2}{4} + \frac{x^3}{16} - \frac{x^4}{64} + \frac{x^5}{256} \mp \dots$

(28) zu 26: $\lim\limits_{n\to\infty} \frac{x^{n+1}}{3^{n+1}} \cdot \frac{3^n}{x^n} = \frac{x}{3}$; $|x| < 3$;

zu 27a: $\lim\limits_{n\to\infty} \frac{x^{n+1}}{3^n} \cdot \frac{3^{n-1}}{x^n} = \frac{x}{3}$; $|x| < 3$;

zu 27b: $\lim\limits_{n\to\infty} \frac{x^{n+1}}{2 \cdot 4^n} \cdot \frac{2 \cdot 4^{n-1}}{x^n} = \frac{x}{4}$; $|x| < 4$;

zu 27c: $\lim\limits_{n\to\infty} \frac{x^{n+1}}{4^n} \cdot \frac{4^{n-1}}{x^n} = \frac{x}{4}$; $|x| < 4$.

(29) a) $\lim\limits_{n\to\infty} \frac{x^{n+1}}{2^{n+1}} \cdot \frac{2^n}{x^n} = \frac{x}{2}$; $|x| < 2$; b) $\lim\limits_{n\to\infty} \frac{x^{n+1}}{3^{n+1}} \cdot \frac{3^n}{x^n} = \frac{x}{3}$; $|x| < 3$;

c) $\lim\limits_{n\to\infty} \frac{x^{n+1}}{2(n+1)} \cdot \frac{2n}{x^n} = x$; $|x| < 1$; d) $\lim\limits_{n\to\infty} \frac{(n+2)x^{n+1}}{n+5} \cdot \frac{n+4}{(n+1)x^n} = x$; $|x| < 1$;

e) $\lim\limits_{n\to\infty} \frac{(n+1)x^{n+1}}{(n+2)(n+3)} \cdot \frac{(n+1)(n+2)}{n x^n} = x$; $|x| < 1$;

Tabellen zu den Aufgaben 26 und 27 a–c.

	x =	−7	−6	−5	−4	−3	−2	−1	0	1	2	3	4	5	6	7
(26)	y =				1,43	1,5	1,6	1,75	2	2,5	4	∞	−2	−0,5	0	0,25
	y_1 =				0,67	1	1,33	1,67	2	2,33	2,67	3	3,33	3,67	4	4,33
	y_2 =				2,44	2	1,78	1,78	2	2,44	3,11	4	5,11	6,44	8	9,78
	y_3 =				0,07	1	1,48	1,74	2	2,48	3,41	5	7,48	11,07	16	22,48
	y_4 =				3,23	2	1,68	1,75	2	2,49	3,60	6	10,64	18,79	32	52,12
(27) a	y =			−5,5	−10	∞	8	3,5	2	1,25	0,8	0,5	0,29	0,125		
	y_1 =			7	6	5	4	3	2	1	0	−1	−2	−3		
	y_2 =			15,33	11,33	8	5,33	3,33	2	1,33	1,33	2	3,33	5,33		
	y_3 =			29,22	18,44	11	6,22	3,44	2	1,22	0,44	−1	−3,78	−8,56		
	y_4 =			52,37	27,93	14	6,81	3,48	2	1,26	1,04	2	5,70	14,59		
b	y =			−3,11	−2	−0,86	0,33	1,6	3	4,67	7	12	∞	−2	3	5,33
	y_1 =			−4,5	−3	−1,5	0	1,5	3	4,5	6	7,5	9	10,5	12	13,5
	y_2 =			−1,375	−1	−0,375	0,5	1,625	3	4,625	6,5	8,625	11	13,625	16,5	19,625
	y_3 =			−5,28	−3	−1,22	0,25	1,59	3	4,66	6,75	9,47	13	17,53	23,25	30,34
	y_4 =			−0,40	−1	−0,59	0,375	1,60	3	4,66	6,875	10,10	15	22,41	33,375	49,10
c	y =	19,33	21	28	∞	−6	1	2,67	3	2,8	2,33	1,71	1	0,22	−0,6	−1,45
	y_1 =	−9,25	−6	−3,25	−1	0,75	2	2,75	3	2,75	2	0,75	−1	−3,25	−6	−9,25
	y_2 =	−30,69	−19,5	−11,06	−5	−0,94	1,5	2,69	3	2,81	2,5	2,44	3	4,56	7,5	12,19
	y_3 =	−68,20	−39,75	−20,83	−9	−2,20	1,25	2,67	3	2,80	2,25	1,17	−1	−5,20	−12,75	−25,33
	y_4 =	−133,86	−70,125	−33,04	−13	−3,15	1,125	2,67	3	2,80	2,375	2,12	3	7,00	17,625	40,32

f) $\lim\limits_{n\to\infty} \frac{(n+2)x^{n+1}}{(n+1)^2} \cdot \frac{n^2}{(n+1)x^n} = x;\ |x| < 1.$

(30) a) $\lim\limits_{n\to\infty} \frac{(n+2)x^{n+1}}{(n+2)!} \cdot \frac{(n+1)!}{(n+1)x^n} = 0$ für $|x| < \infty;$

b) $\lim\limits_{n\to\infty} \frac{1.1.3.5\ldots(2n-3)(2n-1)x^{n+1}}{2.4.6\ldots2n(2n+2)} \cdot \frac{2.4.6\ldots2n}{1.1.3.5\ldots(2n-3)x^n} = x;\ |x|<1;$

c) $\lim\limits_{n\to\infty} \frac{1.3.5.7\ldots(2n-1)(2n+1)x^{n+1}}{2.4.6\ldots2n(2n+2)} \cdot \frac{2.4.6\ldots2n}{1.3.5\ldots(2n-1)x^n} = x;\ |x|<1;$

d) $\lim\limits_{n\to\infty} \frac{1.2.5.8\ldots(3n-4)(3n-1)x^{n+1}}{3.6.9\ldots3n(3n+3)} \cdot \frac{3.6.9\ldots3n}{1.2.5\ldots(3n-4)x^n} = x;\ |x|<1;$

e) $\lim\limits_{n\to\infty} \frac{1.4.7\ldots(3n-2)(3n+1)x^{n+1}}{3.6.9\ldots3n(3n+3)} \cdot \frac{3.6.9\ldots3n}{1.4.7\ldots(3n-2)x^n} = x;\ |x|<1;$

f) $\lim\limits_{n\to\infty} \frac{x^{n+1}}{(n+1)(n+3)} \cdot \frac{n(n+2)}{x^n} = x;\ |x| < 1;$

g) $\lim\limits_{n\to\infty} \frac{(n+1)^3 x^{n+1}}{(n+1)!} \cdot \frac{n!}{n^3 x^n} = 0$ für $|x| < \infty;$

h) $\lim\limits_{n\to\infty} \frac{2^{n+1}\cdot x^{n+1}}{(n+2)(n+3)} \cdot \frac{(n+1)(n+2)}{2^n x^n} = 2x;\ |x| < \frac{1}{2};$

i) $\lim\limits_{n\to\infty} \frac{x^{2n+2}}{(2n+2)!} \cdot \frac{2n!}{x^{2n}} = 0$ für $|x|<\infty;$

k) $\lim\limits_{n\to\infty} \frac{x^{2n+1}}{(2n+1)!} \cdot \frac{(2n-1)!}{x^{2n-1}} = 0$ für $|x|<\infty;$

l) $\lim\limits_{n\to\infty} \frac{1.3\ldots(2n-3)(2n-1)x^{2n+1}}{2.4\ldots(2n-2)2n(2n+1)} \cdot \frac{2.4\ldots(2n-2)(2n-1)}{1.3\ldots(2n-3)x^{2n-1}}$

$= x^2;\ |x| < 1.$

Bemerkung: Von den vorstehenden Reihen der Aufgabe 30 stellen dar: b) $\sqrt{1+x}$; c) $\frac{1}{\sqrt{1+x}}$, d) $\sqrt[3]{1+x}$; e) $\frac{1}{\sqrt[3]{1+x}}$; i) $\operatorname{Cos} x$, k) $\operatorname{Sin} x$, l) $l(x+\sqrt{x^2+1})$.

§6. Bildung und Auswertung unendlicher Reihen.

② a) $1 \mp x + x^2 \mp x^3 + x^4 \mp x^5 + \cdots$;
b) $1 \mp 3x + 9x^2 \mp 27x^3 + 81x^4 \mp 243x^5 + \cdots$;
c) $1 \mp 2x^2 + 4x^4 \mp 8x^6 + 16x^8 \mp 32x^{10} + \cdots$;
d) $1 \mp 2x + 3x^2 \mp 4x^3 + 5x^4 \mp 6x^5 + \cdots$;
e) $1 \mp 3x + 6x^2 \mp 10x^3 + 15x^4 \mp 21x^5 + \cdots$.

③ a) $1 \pm \frac{1}{2}x - \frac{1}{8}x^2 \pm \frac{1}{16}x^3 - \frac{5}{128}x^4 \pm \frac{7}{256}x^5 - \cdots$;
b) $1 \pm \frac{1}{3}x - \frac{1}{9}x^2 \pm \frac{5}{81}x^3 - \frac{10}{243}x^4 \pm \frac{22}{729}x^5 - \cdots$;
c) $1 \pm \frac{1}{4}x - \frac{3}{32}x^2 \pm \frac{7}{128}x^3 - \frac{77}{2048}x^4 \pm \frac{231}{8192}x^5 - \cdots$.

④ a) $1 \mp \frac{1}{2}x + \frac{3}{8}x^2 \mp \frac{5}{16}x^3 + \frac{35}{128}x^4 \mp \frac{63}{256}x^5 + \cdots$;
b) $1 \mp \frac{1}{3}x + \frac{2}{9}x^2 \mp \frac{14}{81}x^3 + \frac{35}{243}x^4 \mp \frac{91}{729}x^5 + \cdots$;
c) $1 \mp \frac{2}{3}x + \frac{5}{9}x^2 \mp \frac{40}{81}x^3 + \frac{110}{243}x^4 \mp \frac{308}{729}x^5 + \cdots$.

Vorbemerkung zu 5–9: die eingeklammerte Zahl gibt die Zahl der Reihenglieder an, die berücksichtigt werden müssen.

⑤ a) (5); 1,004987|56; b) (4); 9,997496|87; c) (5); $\frac{1}{10}\sqrt{1+0{,}025} = 0{,}101242|283$; d) (7); 3,162277|65; e) (5); $5 \cdot \sqrt{1+0{,}04} = 5{,}099019|5$; f) (4); $9\sqrt{1-\frac{1}{81}} = 8{,}944271|91$; g) (5); $7\sqrt{1-\frac{2}{49}} = 6{,}855654|61$; h) (5); $11\sqrt{1+\frac{6}{121}} = 11{,}269429|71$.

⑥ a) (7); $\frac{3}{2}\sqrt{1-\frac{1}{9}} = 1{,}414213|56$; b) (4); $\frac{8}{3}\sqrt{1-\frac{1}{64}} = 2{,}645751|31$; c) (5); $\frac{7}{2}\sqrt{1-\frac{1}{49}} = 3{,}464101|62$; d) (4); $\frac{15}{2}\sqrt{1-\frac{1}{225}} = 7{,}483314|75$; e) (5); $9\sqrt{1-\frac{2}{81}} = 8{,}888194|44$; f) (3); $\frac{40}{3}\sqrt{1+\frac{1}{800}} = 13{,}341664|00$; g) (3); $\frac{19}{6}\sqrt{1-\frac{1}{361}} = 3{,}162277|67$; h) (3); $25\sqrt{1+\frac{1}{625}} = 25{,}019992$.

⑦ a) (5); 1,013159|39; b) (3); 0,999332|89; c) (4); $\frac{1}{10}\sqrt[3]{1+0{,}005} = 1{,}001663|90$; d) (7); 2,080083|80; e) (4); $5\sqrt[3]{1+\frac{2}{125}} = 5{,}026525|70$; f) (4); $4\sqrt[3]{1-\frac{1}{64}} = 3{,}979057|20$; g) (4); $20\sqrt[3]{1+\frac{1}{800}} = 20{,}008329|860$; h) (4); $10\sqrt[3]{1-\frac{1}{200}} = 9{,}983305|4$.

(8) a) (7); 1,259921|05; b) (5); $\frac{5}{2}\sqrt[3]{1-\frac{1}{25}}$ = 2,466212|07; c) (3); $\frac{8}{3}\sqrt[3]{1+\frac{1}{512}}$ = 2,668401|65; d) (6); $\frac{5}{3}\sqrt[3]{1+\frac{2}{25}}$ = 1,709975|95; e) (5) $\frac{9}{4}\sqrt[3]{1-\frac{25}{729}}$ = 2,223980|10.

(9) a) (7); 1,024113|69; b) (5); 0,994962|05; c) (6); $2\sqrt[4]{1+\frac{1}{16}}$ = 2,030544|02; d) (4); $5\sqrt[4]{1-\frac{1}{125}}$ = 4,989969|85.

---

(10) 2; 2,25; 2,370370…; 2,44140625; 2,48832; 2,5937424601. (11) 2,718281828459|042.

(13) a) die Reihe steigt bis zum 5. Glied und fällt vom 6. Glied an; das 5. und 6. Glied sind gleich; b) und c) entsprechend.

(14) a) (13); 0,367879|442; b) (17); 7,389056|099; c) (10); 1,648721|270. (16) a) (7); 0,095310|17; b) (7); −0,105360|51; c) (6); 0,048790|17; d) (4); −0,020202|71.

(18) a) (7); 0,693147|18; b) (6); 2,079441|54 + 0,223143|54 = 2,302585|08.

(19) a) 0,04139; b) −0,04576 = 0,95424 − 1; c) 0,30103.

(20) $\frac{x^3}{3!} < 0{,}00001$; $x < 0{,}03915$ (2°14′).

(21) a) $x^2 - \frac{1}{3}x^4 + \frac{2}{45}x^6 - \frac{1}{315}x^8 + \frac{2}{14175}x^{10} \mp \cdots$;

$$\lim_{n\to\infty} \frac{2^{2n+1}x^{2n+2}}{(2n+2)!}\cdot\frac{2n!}{2^{2n-1}x^{2n}} = 0 \text{ für } -\infty < x < \infty;$$

b) $1 - x^2 + \frac{1}{3}x^4 - \frac{2}{45}x^6 + \frac{1}{315}x^8 - \frac{2}{14175}x^{10} \pm \cdots$; Konvergenz dieselbe.

(22) $x + \frac{1}{3}x^3 + \frac{2}{15}x^5 + \cdots$. (23) $x + \frac{1}{6}x^3 + \frac{3}{40}x^5 + \cdots$.

C. Auswertung von Quotienten, Gleichungen von Tangenten, Krümmung.

§ 7. Auswertung von Quotienten.

(1) -4. (2) $1\frac{1}{4}$. (3) $-\frac{1}{3}$; 5. (4) $\frac{3}{8}$. (5) 0. (6) $\frac{1}{2}$. (7) ∞. (8) 0. (9) 0. (10) 1. (11) 2. (12) ∞. (13) $\frac{1}{12}$. (14) 1. (15) 0. (16) 1. (17) $\frac{2}{e}$. (18) 0. (19) 1. (20) -1; (21) 2. (22) 2. (23) 2. (24) ∞. (25) 0. (26) ∞.

---

§ 8. Ermittelung der Gleichungen von Kurventangenten.

Vorbemerkung: Es folgen erst die allgemeinen Tangentengleichungen, dann die besonderen für die angegebenen Punkte.

(1) **a)** $y = (\frac{3}{4}x_1^2 - 1)x - \frac{1}{2}x_1^3$; $y = -x$ (W); $y = -\frac{1}{4}x \mp \frac{1}{2}$; $y = 2x \mp 4$ für $x_1 = \pm 2$; **b)** $y = (x_1^3 - 2)x - \frac{3}{4}x_1^4$; $y = -2x$; $y = -x - \frac{3}{4}$; $y = -3x - \frac{3}{4}$; $y = 6x - 12$ für $x_1 = 2$; **c)** $y = (x_1^3 - 2x_1)x - \frac{3}{4}x_1^4 + x_1^2$; $y = 0$; $y = \mp x + \frac{1}{4}$; $y = \pm 4x - 8$ für $x_1 = \pm 2$; **d)** $y = (\frac{1}{15}x_1^4 - x_1^2)x - \frac{4}{75}x_1^5 + \frac{2}{3}x_1^3$; $y = 0$ (W); $y = -\frac{14}{15}x \pm \frac{46}{75}$; $y = \frac{50}{3}x \mp \frac{250}{3}$ für $x_1 = \pm 5$; **e)** $y = (3x_1^2 - 4x_1 - 1)x - 2x_1^3 + 2x_1^2 + 2$; $y = -x + 2$; $y = -2x + 2$; $y = 6x + 6$; $y = 3x - 6$ für $x_1 = 2$; **f)** $y = (\frac{2}{5}x_1^3 - x_1)x - \frac{3}{10}x_1^4 + \frac{1}{2}x_1^2 + \frac{2}{5}$; $y = \frac{2}{5}$; $y = \mp\frac{3}{5}x + \frac{3}{5}$; $y = \pm\frac{6}{5}x - \frac{12}{5}$ für $x = \pm 2$; **g)** $y = (\frac{2}{5}x_1^3 + x_1^2)x - \frac{3}{10}x_1^4 - \frac{2}{3}x_1^3$; $y = 0$ (W); $y = \frac{2}{5}x - \frac{29}{30}$; $y = \frac{3}{5}x + \frac{41}{30}$; $y = -\frac{100}{27}x - \frac{1000}{81}$ für $x = -\frac{10}{3}$.

② a) $y=-\frac{1}{x_1^2}x+\frac{2}{x_1}$; $x=0$ (A, da für $x_1=0$ $y'=\infty$ und $y_1=\infty$ wird); $y=-x\pm 2$; b) $y=\frac{1}{(x_1+1)^2}x+\frac{x_1^2}{(x_1+1)^2}$; $y=x$; $y=\frac{1}{4}x+\frac{1}{4}$; $x=-1$ (A); c) $y=-\frac{1}{(x_1+1)^2}x+\frac{2x_1+1}{(x_1+1)^2}$; $y=-x+1$; $y=-\frac{1}{4}x+\frac{3}{4}$; $x=-1$ (A); d) $y=-\frac{2x_1}{(x_1^2+1)^2}x+\frac{3x_1^2+1}{(x_1^2+1)^2}$; $y=1$; $y=\mp\frac{1}{2}x+1$; e) $y=\frac{2-2x_1^2}{(x_1^2+1)^2}x+\frac{4x_1^3}{(x_1^2+1)^2}$; $y=2x$; $y=\pm 1$; f) $y=\frac{2x_1}{(1-x_1^2)^2}x+\frac{1-3x_1^2}{(1-x_1^2)^2}$; $y=1$; $x=\pm 1$ (A);

g) $y=\frac{1+x_1^2}{(1-x_1^2)^2}x-\frac{2x_1^3}{(1-x_1^2)^2}$; $y=x$; $x=\pm 1$ (A);

h) $y=-\frac{x_1^2+4}{(x_1^2-4)^2}x+\frac{2x_1^3}{(x_1^2-4)^2}$; $y=-\frac{1}{4}x$; $y=-\frac{5}{9}x\pm\frac{2}{9}$;

i) $y=-\frac{2x_1}{(x_1^2-1)^2}x+\frac{x_1^4+x_1^2}{(x_1^2-1)^2}$; $y=0$; $x=\pm 1$ (A);

k) $y=-\frac{2x_1}{(x_1-1)^3}x+\frac{x_1^3+x_1^2}{(x_1-1)^3}$; $y=0$; $x=1$ (A); $y=-\frac{1}{4}x$;

l) $y=\frac{2}{x_1^3}x+\frac{x_1^2-3}{x_1^2}$; $x=0$ (A); $y=\pm 2x-2$;

m) $y=\frac{x_1^2-8x_1+4}{(x_1^2-4)^2}x+\frac{x_1^4-2x_1^3+4x_1^2}{(x_1^2-4)^2}$; $y=\frac{1}{4}x$; $y=-\frac{1}{3}x+\frac{1}{3}$; $y=\frac{13}{9}x+\frac{7}{9}$; n) $y=-\frac{x_1^4+2x_1}{(x_1^3-1)^2}x+\frac{2x_1^5+x_1^2}{(x_1^3-1)^2}$; $y=0$; $x=1$ (A); $y=\frac{1}{4}x-\frac{1}{4}$; o) $y=\frac{x_1^4-3x_1^2}{(x_1^2-1)^2}x+\frac{2x_1^3}{(x_1^2-1)^2}$; $y=0$ (W); $x=\pm 1$ (A);

p) $y=\frac{3-x_1^2}{x_1^4}x+\frac{2x_1^2-4}{x_1^3}$; $x=0$ (A); $y=2x\mp 2$.

③ a) $y=\frac{2x_1}{3y_1^2}x+\frac{x_1^2+3}{3y_1^2}$; $y=1$; $y=\pm\frac{2}{3\sqrt[3]{4}}x+\frac{4}{3\sqrt[3]{4}}$;

b) $y=\frac{2x_1}{3y_1^2}x+\frac{x_1^2-3}{3y_1^2}$; $y=-1$; $x=\pm 1$ (W);

c) $y = \frac{x_1^2}{y_1^2}x + \frac{1}{y_1^2}$; $y = 1$; $y = \frac{1}{\sqrt[3]{4}}x + \frac{1}{\sqrt[3]{4}}$; $x = -1$ (W);

d) $y = \frac{x_1^2}{y_1^2}x - \frac{1}{y_1^2}$; $y = -1$; $y = \frac{1}{\sqrt[3]{4}}x - \frac{1}{\sqrt[3]{4}}$; $x = 1$ (W);

e) $y = \pm\frac{3}{2}\sqrt{x_1}\cdot x \mp \frac{1}{2}x_1\sqrt{x_1}$; $y = 0$; $y = \pm\frac{3}{2}x \mp \frac{1}{2}$ für $x_1 = 1$;

f) $y = \pm\frac{3x_1^2}{2y_1}x \pm \frac{2-x_1^3}{2y_1}$; $y = \pm 1$ (W); $y = \pm\frac{3}{4}\sqrt{2}\,x \pm \frac{1}{4}\sqrt{2}$; $x = -1$.

(4) a) $y = -\frac{x_1}{y_1}x + \frac{a^2}{y_1}$; $y = \pm a$; $x = \pm a$ (da $y' = \infty$, $\alpha = 90^\circ$);

b) $y = \frac{x_1}{y_1}x - \frac{a^2}{y_1}$; $x = \pm a$ für $y_1 = 0$ (vergl. a);

c) $y = -\frac{2x_1+y_1}{x_1+2y_1}x + \frac{2a^2}{x_1+2y_1}$; $y = -\frac{1}{2}x \pm a$; $y = -2x \pm 2a$;

d) $y = \frac{2x_1-y_1}{x_1-2y_1}x - \frac{2a^2}{x_1-2y_1}$; $y = \frac{1}{2}x \pm a$; $y = 2x \mp 2a$;

e) $y = -\frac{3x_1^2+2x_1y_1+y_1^2}{x_1^2+2x_1y_1+3y_1^2}x + \frac{3a^3}{x_1^2+2x_1y_1+3y_1^2}$; $y = -\frac{1}{3}x + a$; $y = -3x + 3a$;

f) $y = \frac{3x_1^2-2x_1y_1+y_1^2}{x_1^2-2x_1y_1+3y_1^2}x - \frac{3a^3}{x_1^2-2x_1y_1+3y_1^2}$; $y = \frac{1}{3}x - a$; $y = 3x - 3a$;

g) $y = -\frac{4x_1^3+3x_1^2y_1+y_1^3}{x_1^3+3x_1y_1^2+4y_1^3}x + \frac{4a^4}{x_1^3+3x_1y_1^2+4y_1^3}$; $y = -\frac{1}{4}x \pm a$; $y = -4x \pm 4a$;

h) $y = -\frac{4x_1^3+3x_1^2y_1-y_1^3}{x_1^3-3x_1y_1^2-4y_1^3}x + \frac{4a^4}{x_1^3-3x_1y_1^2-4y_1^3}$; $y = -4x \pm 4a$ für $y_1 = 0$; $x_1 = \pm a$;

i) $y = \frac{4x_1^3-3x_1^2y_1-y_1^3}{x_1^3+3x_1y_1^2-4y_1^3}x - \frac{4a^4}{x_1^3+3x_1y_1^2-4y_1^3}$; $y = \frac{1}{4}x \pm a$; $y = 4x \mp 4a$;

k) $y = \frac{2ax_1-2x_1y_1}{x_1^2-2ay_1}x + \frac{x_1^2y_1}{x_1^2-2ay_1}$.

$y = Mx$ liefert $ax^2(1+M^2) = Mx^3$; also $x_{1,2} = 0$, $x_3 = \frac{a(1+M^2)}{M}$, $y_3 = a(1+M^2)$; x_3 und y_3 werden zu 0 nur für $M^2 = -1$; mithin sind keine (reellen) Tangenten in N vorhanden, erklärlich, weil der N einen isolierten Punkt der Kurve darstellt. Es ist nämlich $y = \frac{1}{2a}\left(x^2 \pm x\sqrt{x^2-4a^2}\right)$; in dem Streifen $|x| < |2a|$

befindet sich also (außer dem N) kein Punkt der Kurve;

l) $y = \frac{2ax_1 - y_1^2}{2ay_1 + 2x_1y_1}x + \frac{x_1y_1^2}{2ay_1 + 2x_1y_1}$; $y = Mx$ liefert $x_3 = \frac{a(1-M^2)}{M^2}$ und $y_3 = \frac{a(1-M^2)}{M}$; beide werden zu 0 für $M = \pm 1$; also Tangentenpaar $y = \pm x$. Die Gerade $y = -a$ ist A;

m) $y = \frac{2ax_1 - 3x_1^2}{2ay_1}x + \frac{x_1^3}{2ay_1}$; $y = Mx$ liefert $x_3 = a(1-M^2)$; $y_3 = aM(1-M^2)$; beide werden zu 0 für $M = \pm 1$, also wie bei l; für $y_1 = 0$ kann auch $x_1 = a$ sein; es ist dort $x = a$ T, da $y' = \infty$;

n) $y = \frac{2ax_1}{2ay_1 + 3y_1^2}x + \frac{y_1^3}{2ay_1 + 3y_1^2}$; $y = Mx$ liefert $x_3 = \frac{a(1-M^2)}{M^3}$; $y_3 = \frac{a(1-M^2)}{M^2}$, also Tangentenpaar wie bei l; für $x_1 = 0$ kann auch $y_1 = -a$ sein; es ist dort $y = -a$ T;

o) $y = \frac{3x_1^2 + y_1^2}{4ry_1 - 2x_1y_1}x - \frac{x_1^3 + x_1y_1^2}{4ry_1 - 2x_1y_1}$; $y = Mx$ liefert $x_3 = \frac{2rM^2}{1+M^2}$; $y_3 = \frac{2rM^3}{1+M^2}$; beide werden zu 0 für $M = 0$; Tangente also die x-Achse (der Doppelpunkt ist ein Rückkehrpunkt); **p)** $y = \frac{x_1^2 - ay_1}{ax_1 - y_1^2}x - \frac{ax_1y_1}{ax_1 - y_1^2}$; $y = Mx$ liefert $x_3 = \frac{3aM}{1+M^3}$; $y_3 = \frac{3aM^2}{1+M^3}$, beide werden zu 0 für $M = 0$ und $M = \infty$; beide Achsen also Tangenten.

(5) **a)** $y = 2\cos 2x_1 \cdot x - 2x_1 \cos 2x_1 + \sin 2x_1$; $y = 2x$; $y = -2x + \pi$; $y = 2x - 2\pi$; $y = -2x + 3\pi$; $y = 2x - 4\pi$;

b) $y = -2\sin 2x_1 \cdot x + 2x_1 \sin 2x_1 + \cos 2x_1$; $y = 1$; $y = -1$; $y = 1$; $y = -1$; $y = 1$; **c)** $y = \sin 2x_1 \cdot x - x_1 \sin 2x_1 + \sin^2 x_1$; $y = 0$; $y = 1$; $y = 0$; $y = 1$; $y = 0$; **d)** $y = -\sin 2x_1 \cdot x + x_1 \sin 2x_1$

$+\cos^2 x_1$; $y=1$; $y=0$; $y=1$; $y=0$; $y=1$; **e)** $(\cos x_1-\sin x_1)x-x_1(\cos x_1-\sin x_1)+\sin x_1+\cos x_1$; $y=x+1$, $y=-x+\frac{1}{2}\pi+1$; $y=-x+\pi-1$; $y=x-\frac{3}{2}\pi-1$; $y=x-2\pi+1$;
f) $y=(\cos x_1+\sin x_1)x-x_1(\cos x_1+\sin x_1)+\sin x_1-\cos x_1$; $y=x-1$; $y=x-\frac{1}{2}\pi+1$; $y=-x+\pi-1$; $y=-x+\frac{3}{2}\pi-1$; $y=x-2\pi-1$;
g) $y=(\sin x_1+x_1\cos x_1)x-x_1^2\cos x_1$; $y=0$; $y=x$; $y=-\pi x+\pi^2$; $y=-x$; $y=2\pi x-4\pi^2$; **h)** $y=(\cos x_1-x_1\sin x_1)x+x_1^2\sin x_1$; $y=x$; $y=-\frac{1}{2}\pi x+\frac{1}{4}\pi^2$; $y=-x$; $y=\frac{3}{2}\pi x-\frac{9}{4}\pi^2$; $y=x$;
i) $y=(1+\cos x_1)x-x_1\cos x_1+\sin x_1$; $y=2\pi$; $y=x+1$; $y=\pi$; $y=x-1$; $y=2x-2\pi$; **k)** $y=(1-\cos x_1)x+x_1\cos x_1-\sin x_1$; $y=0$; $y=x-1$; $y=2x-\pi$; $y=x+1$; $y=2\pi$;
l) $y=(1-\sin x_1)x+x_1\sin x_1+\cos x_1$; $y=x+1$; $y=\frac{1}{2}\pi$; $y=x-1$; $y=2x-\frac{3}{2}\pi$; $y=x+1$; **m)** $y=(1+\sin x_1)x-x_1\sin x_1-\cos x_1$; $y=x-1$; $y=2x-\frac{1}{2}\pi$; $y=x+1$; $y=\frac{3}{2}\pi$; $y=x-1$.

6 **a)** $y=-e^{-x_1}\cdot x+(x_1+1)e^{-x_1}$; $y=-x+1$; **b)** $y=\frac{1}{2}(e^{x_1}-e^{-x_1})x-\frac{1}{2}x_1(e^{x_1}-e^{-x_1})+\frac{1}{2}(e^{x_1}+e^{-x_1})$; $y=1$; **c)** $y=\frac{1}{2}(e^{x_1}+e^{-x_1})x-\frac{1}{2}x_1(e^{x_1}+e^{-x_1})+\frac{1}{2}(e^{x_1}-e^{-x_1})$; $y=x$; **d)** $y=e^{x}(1+x_1)x-x_1^2e^{x_1}$; $y=x$; **e)** $y=x_1e^{x_1}(2+x_1)x-x_1^2e^{x_1}(1+x_1)$; $y=0$;
f) $y=2e^{2x_1}x-e^{2x_1}(2x_1-1)$; $y=2x+1$; **g)** $y=\frac{1}{x_1+1}x-\frac{x_1}{x_1+1}+l(x_1+1)$; $y=x$; **h)** $y=-\frac{1}{1-x_1}x+\frac{x_1}{1-x_1}+l(1-x_1)$; $y=-x$; **i)** $y=\frac{2}{1-x_1^2}x-\frac{2x_1}{1-x_1^2}+l\frac{1+x_1}{1-x_1}$; $y=2x$;
k) $y=\left(l(x_1+1)+\frac{x_1}{x_1+1}\right)x-\frac{x_1^2}{x_1+1}$; $y=0$; **l)** $y=(lx_1+1)x-x_1$; $y=x-1$; **m)** $y=\frac{1-lx_1}{x_1^2}x-\frac{1-2lx_1}{x_1}$, $y=x-1$; **n)** $y=x_1(2lx_1+1)x-x_1^2(lx_1+1)$; $y=x-1$.

§9. Krümmung der Kurven.

(1) $x_1 = 4$; $y_1 = -8$; $r_1 = 2\sqrt{2}$; $a_1 = 6$; $b_1 = -6$.

(2) $x = 0$; $y_1 = -6$; $r_1 = \sqrt{2}$; $a_1 = -1$; $b_1 = -5$; | $y = 0$; $x_2 = 2$; $x_3 = -3$; $r_2 = r_3 = 13\sqrt{26}$; $a_2 = -63$; $a_3 = 62$; $b_2 = b_3 = 13$.

(3) $x_1 = 1$; $y_1 = 2$; $r_1 = \frac{1}{2}$; $a_1 = 1$; $b_1 = 2\frac{1}{2}$. (4) $x_1 = 1$; $x_2 = -2$; $y_1 = -4\frac{1}{6}$; $y_2 = \frac{1}{3}$; $r_1 = r_2 = \frac{1}{3}$; $a_1 = 1$; $a_2 = -2$; $b_1 = -3\frac{5}{6}$; $b_2 = 0$.

(5) $x_1 = \frac{1}{2}\pi$; $y_1 = 1$; $r_1 = 1$; $a_1 = \frac{1}{2}\pi$; $b_1 = 0$. (6) $x_1 = 1$; $y_1 = 0$; $r_1 = 2\sqrt{2}$; $a_1 = 3$; $b_1 = -2$. (7) $x_1 = 0$; $y_1 = 1$; $r_1 = 2\sqrt{2}$; $a_1 = -2$; $b_1 = 3$.

(8) $x_1 = -\frac{b}{2a}$; $y_1 = \frac{4ac - b^2}{4a}$; $r_1 = \varepsilon \cdot \frac{1}{2a}$; $a_1 = -\frac{b}{2a}$; $b_1 = \frac{4ac - b^2 + 2}{4a}$.

(9) $x_{1,2} = -\frac{b}{3a} \pm \frac{1}{3a}\sqrt{b^2 - 3ac}$; $r_{1,2} = \frac{1}{2\sqrt{b^2 - 3ac}} = \frac{1}{6}$; $a_{1,2} = -\frac{b}{3a} \pm \frac{1}{3a}\sqrt{b^2 - 3ac} = -1; -3$; $b_{1,2} = y_{1,2} \pm \frac{1}{2\sqrt{b^2 - 3ac}} = -2\frac{5}{6}; \frac{5}{6}$; am Wendepunkt ist $y'' = 0$, also $r = \infty$. (10) $r = \frac{x^2+1}{x}\sqrt{x^2+1}$ nimmt den kleinsten Wert an für $x_1 = \frac{1}{2}\sqrt{2}$, $y_1 = l\frac{1}{2}\sqrt{2} = -\frac{1}{2}l2$; $r_1 = \frac{3}{2}\sqrt{3}$; $a_1 = 2\sqrt{2}$; $b_1 = -\frac{1}{2}l2 - \frac{3}{2}$. (11) $r = \sqrt{(1+e^{2x})^3} : e^x$ nimmt den kleinsten Wert an für $x_1 = l\frac{1}{2}\sqrt{2} = -\frac{1}{2}l2$; $y_1 = \frac{1}{2}\sqrt{2}$; $r_1 = \frac{3}{2}\sqrt{3}$; $a_1 = -\frac{1}{2}l2 - \frac{3}{2}$; $b_1 = 2\sqrt{2}$. (12) $r = \frac{1}{2}x^3\sqrt{\left(1+\frac{1}{x^4}\right)^3}$ desgl. für $x_{1,2} = \pm 1$; $y_{1,2} = \pm 1$; $r_{1,2} = \sqrt{2}$; $a_{1,2} = \pm 2$; $b_{1,2} = \pm 2$.

(13) $r = \sqrt{(1+9x^4)^3} : 6x$ desgl. für $x_{1,2} = \pm\sqrt[4]{\frac{1}{45}}$; $r_{1,2} = \frac{3}{5}\sqrt[4]{\frac{4}{5}} = 0{,}5674$.

(14) $r = \varepsilon\sqrt{(1+\cos^2 x)^3} : \sin x$ wird am kleinsten, wenn der Zähler den kleinsten und zugleich der Nenner den größten Wert annimmt, d. h. für $x = \frac{1}{2}\pi$ (und alle ungeraden Vielfachen); $r_1 = 1$; $a_1 = \frac{1}{2}\pi$; $b_1 = 0$.

VII. Grundzüge und Anwendungen der Integralrechnung.

<u>Vorbemerkung</u>: Bei den Lösungen der unbestimmten Integrale ist überall die additive Konstante hinzuzufügen.

§1. Bestimmung der Integralfunktion zu gegebener Differentialfunktion.

(1) $\frac{1}{4}x^4$. (2) $-\frac{1}{3}x^{-3}$. (3) $\frac{1}{-n+1}\cdot x^{-n+1}$. (4) $-\frac{1}{x}$. (5) $\frac{3}{4}x^{\frac{4}{3}}$.
(6) $\frac{n}{n+1}x^{\frac{n+1}{n}}$. (7) $\frac{n}{n+m}x^{\frac{n+m}{n}}$. (8) $\frac{2}{3}x^{\frac{3}{2}}$. (9) $4x^{\frac{1}{4}}$; (10) $2x^{\frac{1}{2}}$.
(11) $3x^{\frac{1}{3}}$. (12) $\frac{m}{m-n}x^{\frac{m-n}{m}}$. (13) $\frac{1}{n+1}(x+a)^{n+1}$. (14) $\frac{1}{8}(2x+a)^4$.
(15) $\frac{2}{3}(x+3)^{\frac{3}{2}}$. (16) $\frac{2}{3a}(ax)^{\frac{3}{2}}=\frac{2}{3}x\sqrt{ax}$. (17) $\frac{3}{8}(2x-5)^{\frac{4}{3}}$.
(18) $\frac{5}{24}(3x-4)^{\frac{8}{5}}$. (19) $-\frac{\cos ax}{a}$. (20) $a\sin\frac{x}{a}$. (21) $-a\cot\frac{x}{a}$.
(22) $\frac{1}{a}\operatorname{tg} ax$. (23) $\frac{1}{a}\arcsin ax$. (24) $\frac{1}{a}\operatorname{arc\,tg} ax$. (25) $\frac{1}{a}l(ax)$.
(26) $l(x+a)$. (27) $\frac{1}{\alpha}e^{\alpha x}$. (28) $\frac{1}{\alpha}e^{\alpha x+\beta}$. (29) $\frac{1}{la}a^{x+b}$. (30) $\frac{b}{la}a^{\frac{x}{b}}$.

---

§2. Weitere Integrationen.

(2) <u>a)</u> $\frac{1}{3}ax^3$; <u>b)</u> $\frac{1}{16}x^4$; <u>c)</u> $3lx$; <u>d)</u> $\frac{3}{5}nx^{\frac{5}{3}}$; <u>e)</u> $4x^{\frac{1}{2}}$;
<u>f)</u> $-2px^{-\frac{1}{2}}$; <u>g)</u> $-a\cos x$; <u>h)</u> $\frac{b}{a}\operatorname{tg} ax$; <u>i)</u> $\frac{p}{a}\operatorname{arc\,tg} ax$;
<u>k)</u> $\frac{b}{a}e^{ax}$; <u>l)</u> $\arcsin\frac{x}{a}$; (3) <u>a)</u> $x^4-\frac{5}{3}x^3+3x^2-3x$;
<u>b)</u> $\frac{1}{4}x^3-\frac{1}{2}x^2+\frac{1}{2}x$; <u>c)</u> $\frac{1}{3}ax^3+\frac{1}{2}bx^2+cx$; <u>d)</u> $\frac{1}{4}ax^4-\frac{1}{3}bx^3$
$+\frac{1}{2}cx^2-ex$. (4) <u>a)</u> $\frac{1}{3}x^3-x^2+3x+5$; <u>b)</u> $\frac{1}{2}x^4-2\frac{1}{2}x^2+6x$
$+4$; <u>c)</u> $-\frac{3}{x}+6$; <u>d)</u> $\frac{2}{3}x\sqrt{x}-2\frac{5}{6}$; <u>e)</u> $\frac{2}{3}x^3-1\frac{1}{2}x^2+4lx+2\frac{1}{2}$;
<u>f)</u> $-\frac{1}{x^2}+\frac{3}{x}+4lx-1$. (5) <u>a)</u> $l\sin x$; <u>b)</u> $-l\cos x$; <u>c)</u> $l(x^2-a^2)$;

d) $-\frac{1}{2} l(a^2-x^2)$; e) $l(1+x^2)$; f) $\frac{1}{a^2} l(1+a^2x^2)$.
⑥ a) $\left[\frac{1}{4}x^2+4x\right]_1^3 = 10$; b) $\left[\frac{2}{9}x^3-x^2+3x\right]_0^1 = 2\frac{2}{9}$; c) $\left[\frac{2}{3}x^3+\frac{1}{x}\right]_1^2 = 4\frac{1}{6}$; d) $\left[2\sqrt{x}\right]_1^4 = 2$; e) $\left[-\cos x+\sin x\right]_0^{\frac{\pi}{2}} = 2$; f) $\left[\mathrm{tg}\,x\right]_0^{\frac{\pi}{4}} = 1$; g) $\left[\sin x+\cos x\right]_0^{\frac{\pi}{4}} = \sqrt{2}-1 = 0{,}4142$

§3. Integrationen mittels teilweiser Integration.

① $-x\cos x + \int\cos x\,dx = -x\cos x + \sin x$. ② $x^2\sin x - \int 2x\sin x\,dx = x^2\sin x + 2x\cos x - 2\sin x$. ③ $(\sin^2 x = \frac{1}{2}(1-\cos 2x))$; $\frac{1}{2}x - \frac{1}{4}\sin 2x$. ④ $x\,lx - \int 1.dx = x\,lx - x$. ⑤ $\frac{1}{2}x^2 lx - \int\frac{1}{2}x\,dx = \frac{1}{2}x^2 lx - \frac{1}{4}x^2$. ⑥ $\frac{1}{3}x^3 lx - \int\frac{1}{3}x^2 dx = \frac{1}{3}x^3 lx - \frac{1}{9}x^3$. ⑦ $xe^x - \int e^x dx = xe^x - e^x$. ⑧ $x^2e^x - 2\int xe^x dx = x^2e^x - 2xe^x + 2e^x$. ⑨ $x = \cos\alpha$; $dx = -\sin\alpha\,d\alpha$; daher $-\int\sin^2\alpha\,d\alpha = -\frac{1}{2}\alpha + \frac{1}{4}\sin 2\alpha$ (vgl. 3) $= -\frac{1}{2}\arccos x + \frac{1}{2}x\sqrt{1-x^2}$. ⑩ $x = \frac{1}{a}\cos\alpha$; $dx = -\frac{1}{a}\sin\alpha\,d\alpha$; daher $-\frac{1}{2a}\alpha + \frac{1}{4a}\sin 2\alpha$ (vgl. 3) $= \frac{1}{2a}(-\arccos ax + ax\sqrt{1-a^2x^2})$. ⑪ $x = \frac{a}{b}\cos\alpha$; $dx = -\frac{a}{b}\sin\alpha\,d\alpha$; daher $-\frac{a^2}{2b}\alpha + \frac{a^2}{4b}\sin 2\alpha$ (vgl. 3) $= \frac{a^2}{2b}\left(-\arccos\frac{bx}{a} + \frac{bx}{a}\sqrt{a^2-b^2x^2}\right)$.

§4. Ermittelung von Flächeninhalten.

① $\frac{4}{3}x\sqrt{x}$; daher a) $1\frac{1}{3}$; b) $\frac{4}{3}(2\sqrt{2}-1) = 2{,}4379$; c) $9\frac{1}{3}$.
② $\frac{1}{12}x^3$; daher a) $\frac{1}{12}$; b) $\frac{7}{12}$. ③ $\left[2x^2 - \frac{1}{3}x^3\right]_0^4 = 10\frac{2}{3}$.
④ $\left[\frac{1}{3}x^3 - 2x^2 + 3x\right]_1^3 = -1\frac{1}{3}$. ⑤ $\left[\frac{1}{4}x^4 - \frac{2}{3}x^3 - \frac{1}{2}x^2 + 2x\right]_{-1}^1 = 2\frac{2}{3}$; $\left[\ \right]_1^2 = -\frac{1}{6}$. ⑥ a) $\left[\frac{2}{5}x^2\sqrt{x}\right]_0^1 = \frac{2}{5}$; b) $\left[\ \right]_0^4 = 12\frac{4}{5}$. ⑦ a) $\left[-\cos x\right]_0^{\frac{\pi}{2}} = 1$;

b) $[\ ]_0^{\pi} = 2$; c) $[\ ]_0^{2\pi} = 0$ (weil gleiche Flächen über und unter der x-Achse liegen). 8) $x \sin x - \int \sin x\,dx$; also $\left[x\sin x + \cos x\right]_0^{\frac{\pi}{2}}$ $= \frac{\pi}{2} - 1 = 0{,}5708$. 9) e^x; also a) 1; b) $1 - \frac{1}{e} = 0{,}6321$; c) $e - 1 = 1{,}7183$; d) $e = 2{,}7183$. 10) a) $\left[x\,lx - x\right]_1^e = 1$; b) für $x = 0$ wird $x\,lx = 0\cdot(-\infty)$; $\lim\limits_{x\to 0} x\,lx = \lim\limits_{x\to 0} lx : \frac{1}{x} =$ $\lim\limits_{x\to 0} \frac{1}{x} : \left(-\frac{1}{x^2}\right) = \lim\limits_{x\to 0}(-x) = 0$; also $\left[x\,lx - x\right]_0^1 = -1$.

11) $x = r\cos\alpha$, $dx = -r\sin\alpha\,d\alpha$; also $-r^2\left(\frac{1}{2}\alpha - \frac{1}{4}\sin 2\alpha\right)$ vgl. § 3, A 3; $-r^2\left[\frac{1}{2}\alpha - \frac{1}{4}\sin 2\alpha\right]_{\frac{\pi}{2}}^0 = \frac{1}{4}r^2\pi$. 12) $x = a\cos\alpha$; $dx = -a\sin\alpha\,d\alpha$, also $\left[-ab\left(\frac{1}{2}\alpha - \frac{1}{4}\sin 2\alpha\right)\right]_{\frac{\pi}{2}}^0 = \frac{1}{4}ab\pi$.

13) vgl. § 3, A. 9; $-\left[\frac{1}{2}\alpha - \frac{1}{4}\sin 2\alpha\right]_{\frac{\pi}{2}}^0 = \frac{1}{4}\pi$. 14) vgl. § 3, A 10; $-\frac{1}{a}\left[\frac{1}{2}\alpha - \frac{1}{4}\sin 2\alpha\right]_{\frac{\pi}{2}}^0 = \frac{\pi}{4a}$. 15) vgl. § 3, A 11; $-\frac{a^2}{b}\left[\frac{1}{2}\alpha - \frac{1}{4}\sin 2\alpha\right]_{\frac{\pi}{2}}^0$ $= \frac{a^2\pi}{4b}$. 16) lx; daher a) $l2 = 0{,}6931$; b) $l3 = 1{,}0986$; c) ln.

17) a) Koordinaten des zweiten Schnittpunktes 2; 2; daher Inhalt des Dreiecks unter der Sehne gleich 2; $2 - \left[\frac{1}{6}x^3\right]_0^2 = \frac{2}{3}$; b) Koordinaten der Schnittpunkte 5; $12\frac{1}{2}$ und -1; $\frac{1}{2}$. Inhalt des Trapezes unter der Sehne gleich 39; $39 - \left[\frac{1}{6}x^3\right]_{-1}^5 = 18$.

18) Koordinaten des zweiten Schnittpunktes a) $2p$; $2p$; b) $8p$; $4p$; Inhalt des Dreiecks unter der Sehne a) $2p^2$; b) $16p^2$; a) $\sqrt{2p}\left[\frac{2}{3}x\sqrt{x}\right]_0^{2p} - 2p^2 = \frac{2}{3}p^2$; b) $\sqrt{2p}\left[\frac{2}{3}x\sqrt{x}\right]_0^{8p}$ $-16p^2 = 5\frac{1}{3}p^2$. 19) Abszisse des zweiten Schnittpunktes a) $2p$; b) $8p$; a) $\sqrt{2p}\left[\frac{2}{3}x\sqrt{x}\right]_0^{2p} - \left[\frac{x^3}{6p}\right]_0^{2p} = 1\frac{1}{3}p^2$; b) $\sqrt{2p}\left[\frac{2}{3}x\sqrt{x}\right]_0^{8p} - \left[\frac{x^3}{48p}\right]_0^{8p}$ $= 10\frac{2}{3}p^2$.

§ 5. Ermittelung von Rauminhalten.

Vorbemerkung: Für die Aufgaben 1–16 kommt die Formel $V = \pi \int_p^q y^2\,dx$ in Betracht, worin p und q die betreffenden Grenzwerte von x bedeuten.

① a) $\pi\left[2x^2\right]_0^1 = 2\pi$; b) $\pi[\ ]_1^2 = 6\pi$; c) $\pi[\ ]_1^4 = 30\pi$.

② a) $\pi\left[\frac{1}{80}x^5\right]_0^1 = \frac{1}{80}\pi$; b) $\pi[\ ]_1^2 = \frac{31}{80}\pi$.

③ $\pi\left[5\frac{1}{3}x^3 - 2x^4 + \frac{1}{5}x^5\right]_0^4 = 34\frac{2}{15}\pi$.

④ $\pi\left[\frac{1}{5}x^5 - 2x^4 + 7\frac{1}{3}x^3 - 12x^2 + 9x\right]_1^3 = 1\frac{1}{15}\pi$.

⑤ $\pi\left[\frac{1}{7}x^7 - \frac{2}{3}x^6 + \frac{2}{5}x^5 + 2x^4 - 2\frac{1}{3}x^3 - 2x^2 + 4x\right]_{-1}^{1} = 4\frac{44}{105}\pi$; $\pi[\ ]_1^2 = \frac{22}{105}\pi$. ⑥ a) $\pi\left[\frac{1}{4}x^4\right]_0^1 = \frac{1}{4}\pi$; b) $\pi[\ ]_0^4 = 64\pi$.

⑦ (vgl. § 3, A 3); a) $\pi\left[\frac{1}{2}x - \frac{1}{4}\sin 2x\right]_0^{\frac{\pi}{2}} = \frac{1}{4}\pi^2$; b) $\pi[\ ]_0^{\pi} = \frac{1}{2}\pi^2$; c) $\pi[\ ]_0^{2\pi} = \pi^2$. ⑧ $\pi\int x^2\cos^2 x\,dx = \frac{1}{2}\pi\int(x^2 + x^2\cos 2x)\,dx$ $= \frac{1}{2}\pi\left(\frac{1}{3}x^3 + \frac{1}{2}x^2\sin 2x - \int x\sin 2x\,dx\right) = \frac{1}{2}\pi\left(\frac{1}{3}x^3 + \frac{1}{2}x^2\sin 2x + \frac{1}{2}x\cos 2x - \int\frac{1}{2}\cos 2x\,dx\right)$; also $\frac{1}{2}\pi\left[\frac{1}{3}x^3 + \frac{1}{2}x^2\sin 2x + \frac{1}{2}x\cos 2x - \frac{1}{4}\sin 2x\right]_0^{\frac{\pi}{2}} = \frac{1}{48}\pi^2(\pi^2 - 6) = 0{,}0806\,\pi^2$

⑨ a) $\pi\left[\frac{1}{2}e^{2x}\right]_{-\infty}^{0} = \frac{1}{2}\pi$; b) $\pi[\ ]_{-1}^{0} = \frac{\pi}{2}\left(1 - \frac{1}{e^2}\right) = 0{,}4323\,\pi$; c) $\pi[\ ]_0^1 = \frac{\pi}{2}(e^2 - 1) = 3{,}1945\,\pi$; d) $\pi[\ ]_{-\infty}^{1} = \frac{1}{2}\pi e^2 = 3{,}6945\,\pi$.

⑩ $\pi\int(lx)^2dx = \pi\left(x(lx)^2 - 2\int lx\,dx\right)$; vgl. § 3, A 4;

a) $\pi\left[x(lx)^2 - 2x\,lx + 2x\right]_1^e = \pi(e-2) = 0{,}7183\,\pi$;

b) $\lim\limits_{x\to 0} (lx)^2 : \frac{1}{x} = \lim\limits_{x\to 0} 2lx \cdot \frac{1}{x} : \left(-\frac{1}{x^2}\right) = \lim\limits_{x\to 0} (-2x \cdot lx) = 0$

(vgl. § 4, A 10 b); also $\pi[\;]_0^1 = 2\pi$.

11) $\pi\left[r^2x - \frac{1}{3}x^3\right]_0^r = \frac{2}{3}\pi r^3$. 12) $\frac{\pi b^2}{a^2}\left[a^2x - \frac{1}{3}x^3\right]_0^a = \frac{2}{3}\pi a b^2$.

13) $\pi\left[x - \frac{1}{3}x^3\right]_0^1 = \frac{2}{3}\pi$. 14) $\pi\left[x - \frac{1}{3}a^2x^3\right]_0^{\frac{1}{a}} = \frac{2\pi}{3a}$.

15) $\pi\left[a^2x - \frac{1}{3}b^2x^3\right]_0^{\frac{a}{b}} = \frac{2a^3\pi}{3b}$. 16) a) $\pi\left[-\frac{1}{x}\right]_1^2 = \frac{1}{2}\pi$;

b) $\pi[\;]_1^3 = \frac{2}{3}\pi$; c) $\pi[\;]_1^n = \frac{n-1}{n}\pi$. 17) $V = \pi\int_0^h M^2x^2\,dx$

$= \pi\left[\frac{1}{3}M^2x^3\right]_0^h = \frac{1}{3}\pi M^2h^3 = \frac{1}{3}\pi r^2h$, da $M = \frac{r}{h}$.

18) h_1 sei die Höhe des Ergänzungskegels; $V = \pi\int_{h_1}^{h_1+h} M^2x^2\,dx$

$= \pi\left[\frac{1}{3}M^2x^3\right]_{h_1}^{h_1+h} = \frac{1}{3}\pi M^2\left((h_1+h)^3 - h_1^3\right) = \frac{1}{3}\pi h(R^2 + Rr + r^2)$,

da $h_1 = \frac{rh}{R-r}$; $h_1 + h = \frac{Rh}{R-r}$ und $M = \frac{R-r}{h}$ ist.

19) $V_1 = \pi\left[rx^2 - \frac{1}{3}x^3\right]_0^h = \frac{1}{3}\pi h^2(3r-h)$; $V_2 = \pi[\;]_0^{2r} = \frac{4}{3}\pi r^3$.

20) $V = \pi\int_{x_1}^{x_2}(r^2 - x^2)\,dx = \pi\left[r^2x - \frac{1}{3}x^3\right]_{x_1}^{x_2} = \pi\Big[r^2(x_2 - x_1)$

$- \frac{1}{3}(x_2^3 - x_1^3)\Big] = \pi h\left[r^2 - \frac{1}{3}(x_2^2 + x_2x_1 + x_1^2)\right]$

$= \frac{1}{3}\pi h\left[3r^2 - x_2^2 - x_1^2 - \frac{1}{2}(x_2^2 + x_1^2 - h^2)\right] = \frac{1}{6}\pi h(6r^2 -$

$3x_2^2 - 3x_1^2 + h^2)$. Nun ist $x_1^2 = r^2 - a^2$ und $x_2^2 = r^2 - b^2$, mithin

$V = \frac{1}{6}\pi h(3a^2 + 3b^2 + h^2)$.

Abkürzungen.

○ Kreis P Parallele T Tangente

W Wendetangente A Asymptote

N Nullpunkt des Koordinatensystems

RA reelle Achse JA imaginäre Achse

H_1 Halbierungslinie des ersten und dritten } Quadranten

H_2 " " zweiten und vierten } Quadranten

SX symmetrisch zur X-Achse

SY " " Y-Achse

ZS zentralsymmetrisch zum Nullpunkt

SH_1 symmetrisch zu H_1

SH_2 " " H_2

Berichtigungen zur Aufgabensammlung

S. 13, Aufg. 7 lies 69 statt 99.

S. 73, Aufg. 21c lies 12,942251 statt 12,942244.

MIX
Papier | Fördert gute Waldnutzung
FSC® C083411

Zeitfracht Medien GmbH
Ferdinand-Jühlke-Straße 7
99095 Erfurt, Deutschland
produktsicherheit@kolibri360.de